パッと答えが浮かぶ
暗算のコツが
6時間で身につく本

水野 純
Jun Mizuno

PHP研究所

はじめに

楽しみながらスグに解く！
コツを知れば、答えが浮かぶ「暗算術」!!

　「九九」という文化のおかげで、私たち日本人は、それを持たない国の人びとよりも、高い計算力を持っていると思われます。「九九」以外にも、今回紹介する1秒で答えがわかる、マジックのような暗算術がたくさんあります。この暗算術を知ったとき、子どもたちは歓声を上げ、大人たちは目を丸くします。これは、だれもが身につけることができ、数字と仲良くなるきっかけにもなるでしょう。

　しかし、学校教育の中には、暗算術を体系的に教えるしくみはありません。学校における計算は、あれこれ工夫して解（と）くことではなく、基本どおりに紙に書いて解くことが重視されます。算数・数学嫌いの人にとって計算のイメージとは、むずかしくて、面倒なものであり、およそ楽しいものではない、というものが多いようです。

　そんな環境の中で、数学や理科教育の重要性が叫ばれています。論理的な思考が大切なのはもちろんですが、計算力が土台になっていることは疑う余地がありません。その計算力においても、これまでどおり「九九」だけにとどまるのではなく、もっと自由で創意工夫（そういくふう）にあふれた暗算術のようなものを、取り入れていくような進化があってもよいのではないでしょうか。

　この本は、小学生から大人まで読むことができる、暗算術の教科書です。この一冊の中に、暗算術と言えるようなものは、すべて紹介してあります。しかも、実際に使えるものだけを選び、レベル別にイメージや図を使ってわかりやすく解説していますので、たいへん読みやすくなっています。

　紹介する暗算術は、学校では、算数・数学や理科の計算の場面で、大いに役に立ちます。仕事では、高い計算力が武器のひとつになることは間違いありません。また、暮らしのうえでも、買い物や金利の計算、家計の管理など数字を扱う場面でどんどん活用することができます。

　そして、「九九」のように自然と頭に浮かぶ計算方法として、この魔法のような暗算術にふれてみてください。算数や数学、計算が楽しいと感じていただけたら、これ以上の喜びはありません。

　　　　　　　　　　　　　　　　　　　　　　　　　　　　　　　水野　純

本書の使い方

子どもも大人も、いっしょになって「脳内計算」「暗算術」を使う場面は、いつでもどこでも！

~学校では「九九」は習いますが、「暗算」は習いません。
その「暗算」の教科書的な読み物としてご活用ください~

○「1秒・3秒・5秒」に分けて、暗算の難易度を示しています。
○ 暗算で答えがでるまでの順序を、ひとつずつクリアしていきましょう。
○ 難易度の高い暗算術はノートに書き、反復練習をして身につけましょう。
○ 紙に書かずにできる、暗算術の達成感を楽しみましょう。
○ 暗算力を高めるために、暮らしの中でも活用しましょう。

ページ構成について

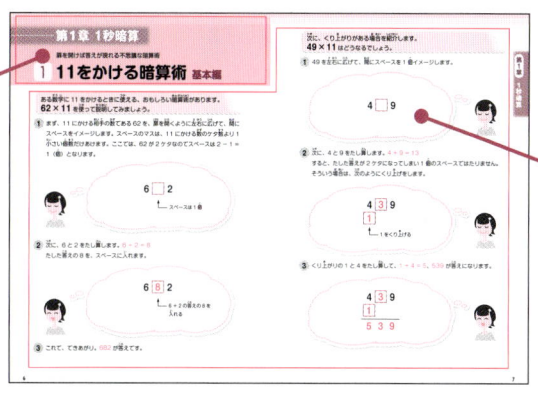

「九九」を覚えることが、計算の基本であるように、暗算に強くなるためのコツを「暗算術」として紹介しています。

段階的に頭の中で行う計算の順序です。
「暗算」は数字のイメージ化。右脳の活性化に有効です。

不思議な暗算のしくみの説明です。
子どもが読んでも、わかりやすいように解説してあります。

トレーニング問題は書き込み式になっています。反復練習により身につけられますので、苦手な「暗算術」はノートなどに書き出してみましょう。

パッと答えが浮かぶ「暗算のコツ」が6時間で身につく本 〈もくじ〉

はじめに 2
本書の使い方、ページ構成について 3
ちょっと、ひと息 9, 32, 35, 43, 59, 63, 91, 95, 119

第1章 1秒暗算

1 扉を開けば答えが現れる不思議な暗算術
11をかける暗算術 基本編 6

2 ひき算を、たし算にかえてしまう暗算術
ひき算の暗算術 10

3 かけ算を、かんたんなひき算にかえてしまう暗算術
9をかける暗算術 基本編 14

4 十の位が同じ数のときは、一の位をたし算してみよう
一の位の和が10になる数をかける暗算術 基本編 18

5 一の位が同じ数のときは、十の位をたし算してみよう
十の位の和が10になる数をかける暗算術 22

6 連続する9には、ひき算がよく似合う
99、999、9999をかける暗算術 26

7 「5をかける」ときは「半分にする」
5をかける暗算術 30

8 「5でわる」ときは「2倍する」
5でわる暗算術 33

第2章 3秒暗算

1 ずらしてかんたん、2ケタ九九
11から19までの九九の暗算術 36

2 慣れればかんたん、2ケタ九九
2ケタと1ケタの数をかける暗算術 40

3 100との差を見れば答えがわかる暗算術
100に近い数をかける暗算術 44

4 50との差を見れば答えがわかる暗算術
50に近い数をかける暗算術 48

5 数字の性格、知っていますか？
割り切れる数を見つける暗算術 52

6 2つの数に共通なもの、あなたには見えますか？
約分の暗算術 56

7 25から00へ！ わり算の隠し味教えます
25でわる暗算術 60

8 答えの扉は右から左へ開くべし
11をかける暗算術 発展編 64

9 かけ算を、かんたんなひき算にかえてしまう暗算術
9をかける暗算術 発展編 68

10 何をかけるか、それが問題だ
通分の暗算術 72

11 どんどん広がる2ケタ九九
21から29までの九九の暗算術 76

12 3ケタのかけ算がスラスラ解ける
一の位の和が10になる数をかける暗算術 発展編 80

第3章 5秒暗算

1 わり算は、すぐにわらずに、みぎひだり
わり算の暗算術 84

2 隠れた8をさがせ
125をかける暗算術 88

3 ゾロ目は計算を加速する
ゾロ目をかける暗算術 92

4 1000との差を見れば答えがわかる暗算術
1000に近い数をかける暗算術 96

5 3ケタかけ算は真ん中から攻めるべし
3ケタと1ケタの数のかけ算の暗算術 100

6 これが、法則の使い方です！
法則を利用する暗算術 104

第4章 2ケタ暗算

1 これが究極の暗算術！　2ケタかけ算登場①
2ケタ×2ケタの暗算術 基本編 108

2 これが究極の暗算術！　2ケタかけ算登場②
2ケタ×2ケタの暗算術 発展編 112

3 ふつうにやってはつまらない、2乗算は楽しく解く！
同じ数をかける暗算術 116

4 小数には、÷10、÷100で
小数をかける暗算術 120

5 3つの数は変形して2つの数へ！
3つの数をかける暗算術 124

第1章 1秒暗算

扉を開けば答えが現れる不思議な暗算術

1 11をかける暗算術 基本編

> ある数字に11をかけるときに使える、おもしろい暗算術があります。
> **62 × 11** を使って説明してみましょう。

1 まず、11にかける相手の数である62を、扉を開くように左右に広げて、間にスペースをイメージします。スペースのマスは、11にかける数のケタ数より1小さい個数だけあけます。ここでは、62が2ケタなのでスペースは2 − 1 = 1（個）となります。

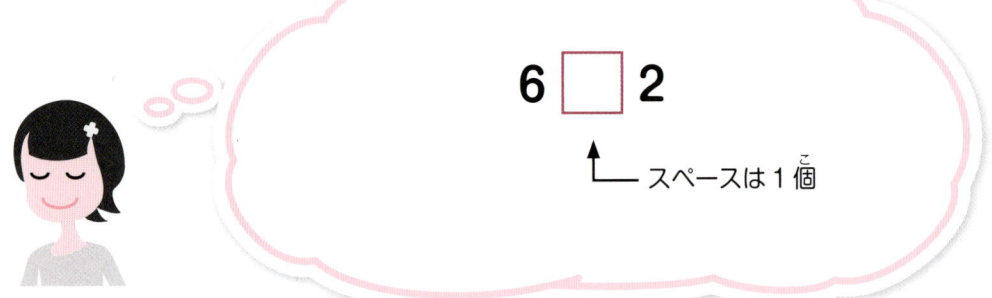

スペースは1個

2 次に、6と2をたし算します。6 + 2 = 8
たした答えの8を、スペースに入れます。

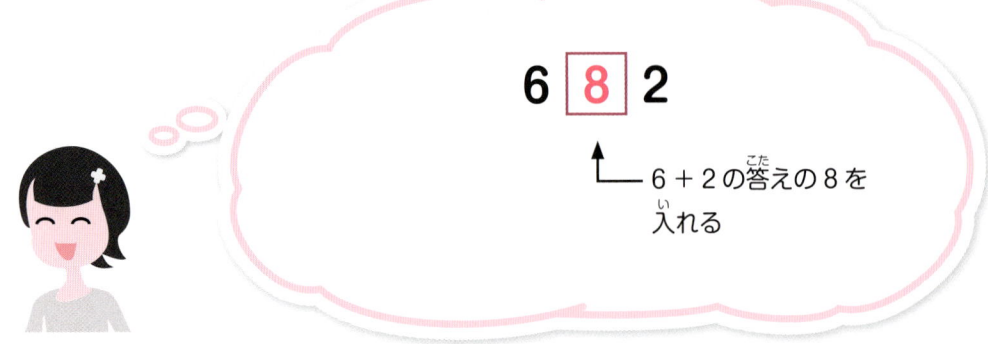

6 + 2の答えの8を入れる

3 これで、できあがり。682が答えです。

次に、くり上がりがある場合を紹介します。
49 × 11 はどうなるでしょう。

1. 49を左右に広げて、間にスペースを1個イメージします。

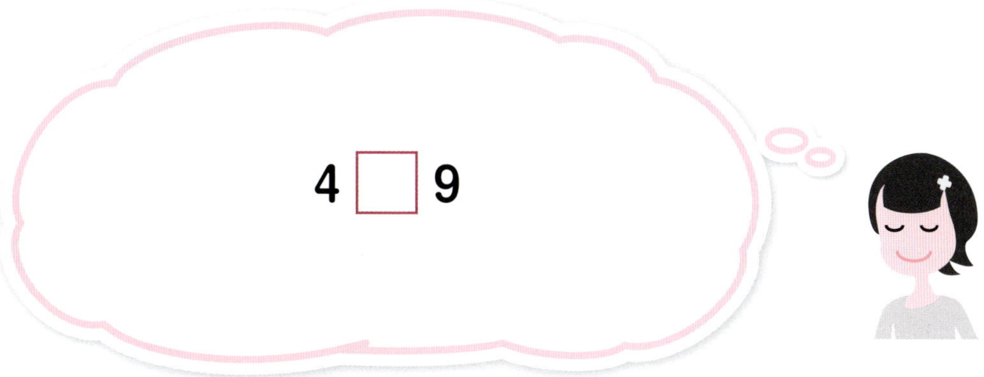

2. 次に、4と9をたし算します。 4 + 9 = 13

すると、たした答えが2ケタになってしまい1個のスペースではたりません。そういう場合は、次のようにくり上げをします。

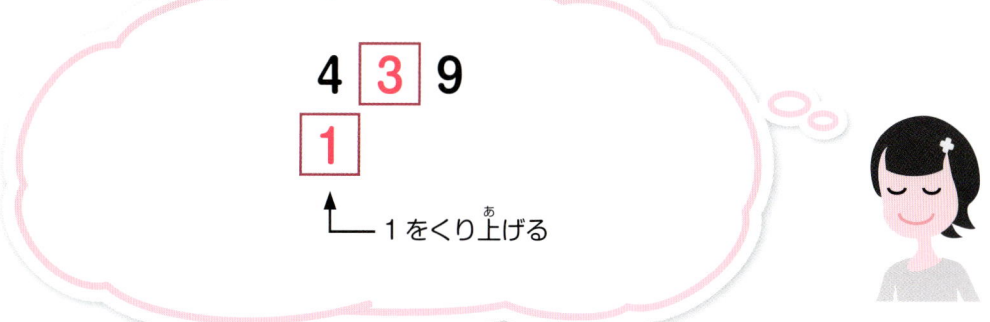

1をくり上げる

3. くり上がりの1と4をたし算して、1 + 4 = 5、539が答えになります。

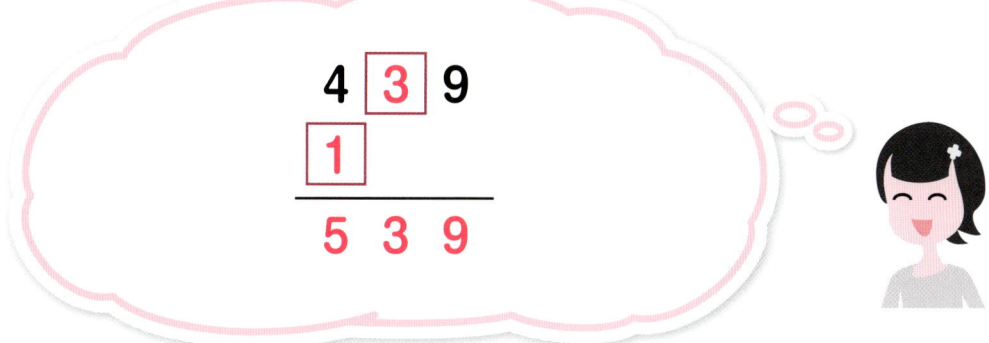

暗算術のしくみ

11をかける暗算術のしくみは、とてもかんたんです。
前出の 62 × 11 を使って、説明します。

$$62 \times 11 = 62 \times (10 + 1)$$
$$= 620 + 62$$

ここで、620 ＋ 62 を筆算してみます。

```
  6 2 0
+   6 2
-------
  6 8 2
```

6と2の間に、6＋2の値である8が入るのが、はっきりと見えてきます。

くり上がりのある 49 × 11 のようなかけ算の場合は、

$$49 \times 11 = 49 \times (10 + 1)$$
$$= 490 + 49$$

筆算にすると、

```
  4 9 0          4 3 0
+   4 9    ➡      1 9
-------          -------
                  5 3 9
```

となります。

暗算のトレーニング

1秒で解けるように、練習してみましょう。

① 27 × 11

② 50 × 11

③ 91 × 11

④ 44 × 11

⑤ 96 × 11

⑥ 11 × 11

⑦ 67 × 11

⑧ 79 × 11

⑨ 34 × 11

⑩ 83 × 11

⑪ 59 × 11

⑫ 65 × 11

⑬ 76 × 11

⑭ 87 × 11

⑮ 49 × 11

⑯ 35 × 11

答えは次のページ

第1章 1秒暗算

ちょっと、ひと息

「40％ポイント還元」と「30％現金値引き」どちらがお得？

「40％ポイント還元」のお店で10,000円の商品を買ったとすると、4,000円分のポイントがもらえて、それを使えばあわせて14,000円の商品を10,000円で手に入れることができます。

同じ14,000円分の商品を「30％現金値引き」で買ったとすると、14,000円 × 0.7 = 9,800円で手に入れることができ、こちらの方が、お得だということになります。くれぐれも見かけの数字にだまされませんように。

ひき算を、たし算にかえてしまう暗算術

2 ひき算の暗算術

くり下げのあるひき算を、かんたんなたし算にかえてしまう暗算術を紹介します。はじめに、**92 － 7** で説明してみましょう。

1 92 － 7 の一の位のように、ひき算にくり下げが必要なときには、ひく数（ここでは 7）の 10 に対する補数（たすと 10 になる数のこと。ここでは、7 に 3 をたすと 10 になるので、補数は 3）を求めて、ひかれる数（ここでは 2）にたし算します。2 ＋ 3 ＝ 5

一の位にくり下げが必要

ひく数の 7 を補数の 3 にかえて、上下にたし算します　2 ＋ 3 ＝ 5

```
  9 2
－   7
─────
```
→
```
  9 2
    3
─────
    5
```

2 くり下げとして十の位から 1 をひき算します。9 － 1 ＝ 8
答えは、85 です。

```
  8 2
    3
─────
  8 5
```

---

9 ページの答え

❶ 297　❷ 550　❸ 1001　❹ 484　❺ 1056　❻ 121　❼ 737　❽ 869　❾ 374　❿ 913　⓫ 649　⓬ 715　⓭ 836　⓮ 957　⓯ 539　⓰ 385

次は、**634 − 378** を計算してみましょう。

1 一の位でくり下げが必要なので、ひく数 8 の 10 に対する補数である 2 を、ひかれる数 4 にたし算します。4 + 2 = 6

```
一の位にくり下げが必要        ひく数の 8 を補数の 2 にかえて、
                            上下にたし算します  4 + 2 = 6
    6 3 4                       6 3 4
  − 3 7 8         ⇒             3 7 2
  ───────                       ───────
                                    6
```

2 くり下げとして十の位から 1 をひき算します。3 − 1 = 2 さらに、十の位でもくり下げが必要なので、ひく数の 7 の 10 に対する補数 3 をとり、上下にたし算します。2 + 3 = 5

```
    6 2 4
    3 3 2
    ─────
      5 6
```

3 くり下げとして百の位から 1 をひき算します。6 − 1 = 5 最後に、百の位をひき算します。5 − 3 = 2 答えは、256 です。

```
    5 2 4
    3 3 2
    ─────
    2 5 6
```

第 1 章　1 秒暗算

最後に、406－79を使って、0をくり下げる場合を見ておきましょう。

1. 一の位でくり下げが必要なので、ひく数9の10に対する補数である1を、ひかれる数6にたし算します。6＋1＝7

一の位にくり下げが必要
```
  4 0 6
－   7 9
```

ひく数の9を補数の1にかえて、上下にたし算します　6＋1＝7
```
  4 0 6
    7 1
        7
```

2. くり下げとして十の位から1をひき算します。十の位が0なので、0は9にかえて百の位から1をひき算します。4－1＝3　あとは、くり下げは必要ありませんので、十の位を上下にひき算してできあがりです。9－7＝2　答えは、327です。

```
  3 9 6
    7 1
  3 2 7
```

暗算術のしくみ

最初に登場した92－7の一の位のひき算が、2＋3というたし算にかわるしくみは、次の計算を見ていただくとわかるでしょう。

$$
\begin{aligned}
92-7 &= 90+2-7 \\
&= 80+10+2-7 \\
&= 80+2+(10-7) \\
&= 80+2+3
\end{aligned}
$$

式の途中に現れる（10－7）が、7の10に対する補数「3」を表しているのに気がつきましたか？

暗算のトレーニング

1秒で解けるように、練習してみましょう。

① 34 − 8

② 51 − 6

③ 80 − 9

④ 46 − 17

⑤ 67 − 29

⑥ 321 − 34

⑦ 452 − 87

⑧ 516 − 29

⑨ 633 − 36

⑩ 745 − 68

⑪ 604 − 85

⑫ 201 − 42

答えは次のページ

かけ算を、かんたんなひき算にかえてしまう暗算術

3　9をかける暗算術 基本編

「たすと10になる数」というのは、たとえば2と8、3と7、4と6といったように頭に浮かびやすいものですよね。ここでは2ケタの数と9のかけ算を、「たすと10になる数」を使ってかんたんなひき算にかえてしまう暗算術を紹介します。はじめに、**57 × 9**で説明してみましょう。

1 2ケタの数の一の位の数（ここでは 7 ）の10に対する補数（たすと10になる数のこと。ここでは、7 に 3 をたすと10になるので、補数は 3 ）を求めてください。その数がかけ算の答えの一の位になります。

2ケタの数の一の位 7 の補数である 3 が、
かけ算の答えの一の位になります

```
    5 7
  ×   9
  ─────
        3
```

2 十の位の数より 1 大きい数（ここでは十の位の数が 5 なので、1 大きい数は 6 ）をもとの2ケタの数からひき算します。57 − 6 = 51
これが答えの上2ケタになります。

```
    5 7
  ×   9
  ─────
  5 1 3
```

3 答えは、513 です。

13ページの答え
❶ 26　❷ 45　❸ 71　❹ 29　❺ 38　❻ 287　❼ 365　❽ 487　❾ 597　❿ 677　⓫ 519　⓬ 159

次は、**62 × 9** を計算してみましょう。

1 2ケタの数の一の位の数（ここでは 2）の 10 に対する補数（2 に 8 をたすと 10 になるので、補数は 8）を求めると、その数がかけ算の答えの一の位になります。

> 2ケタの数の一の位 2 の補数である 8 が、
> かけ算の答えの一の位になります
>
> ```
>   6 2
> ×   9
> ─────
>     8
> ```

2 十の位の数より 1 大きい数（ここでは十の位の数が 6 なので、1 大きい数は 7）をもとの 2 ケタの数からひき算します。62 − 7 = 55
これが答えの上 2 ケタになります。

> ```
>   6 2
> ×   9
> ─────
> 5 5 8
> ```

3 答えは、558 です。

＊このように、9 をかけ算した答えの一の位の数は、かならず、9 をかける数（9 をかける数の一の位の数）の 10 に対する補数になっています。

2 × 9 = 1**8**　3 × 9 = 2**7**　4 × 9 = 3**6**　5 × 9 = 4**5**
　　2の補数　　　3の補数　　　4の補数　　　5の補数

第1章　1秒暗算

15

暗算術のしくみ

57 × 9 で暗算のしくみを見ていきましょう。

$$
\begin{aligned}
57 \times 9 &= 57 \times (10 - 1) \\
&= 570 - 57 \\
&= 570 - (60 - 3) \quad \leftarrow \text{一の位の数 7 の補数 3 の登場} \\
&= 570 - 60 + 3 \\
&= 10 \times (57 - 6) + 3 \quad \leftarrow 57 - 6 \text{ の登場} \\
&= 10 \times 51 + 3 \quad \leftarrow \text{答えの上 2 ケタ 51 の登場} \\
&= 513
\end{aligned}
$$

文字式を使って説明すると次のようになります。
2 ケタの数の十の位の数を a、一の位の数を b とおくと、2 ケタの数は 10a + b と表せます。この数に 9 をかけると、

$$
\begin{aligned}
&(10a + b) \times 9 \\
&= (10a + b) \times (10 - 1) \\
&= 10(10a + b) - (10a + b) \\
&= 10(10a + b) - \{10(a + 1) - (10 - b)\} \\
&\qquad\qquad\qquad\qquad\uparrow \\
&\qquad\text{一の位の数 b の補数 } 10 - b \text{ の登場} \\
&= 10(10a + b) - 10(a + 1) + (10 - b) \\
&= 10\{(10a + b) - (a + 1)\} + (10 - b) \\
&\quad\uparrow
\end{aligned}
$$

2 ケタの数 10a + b から十の位の数 a より 1 大きい数 a + 1 をひき算していることがわかります。さらに 10 倍しているので、これが上 2 ケタの数を表します。10 − b は下 1 ケタの数になっています。

暗算のトレーニング

1秒で解けるように、練習してみましょう。

① 　 1 3
　× 　 9
―――――

② 　 3 8
　× 　 9
―――――

③ 　 7 9
　× 　 9
―――――

④ 　 5 6
　× 　 9
―――――

⑤ 　 2 5
　× 　 9
―――――

⑥ 　 4 9
　× 　 9
―――――

⑦ 　 8 4
　× 　 9
―――――

⑧ 　 6 3
　× 　 9
―――――

⑨ 　 7 2
　× 　 9
―――――

⑩ 　 9 7
　× 　 9
―――――

⑪ 　 8 6
　× 　 9
―――――

⑫ 　 4 2
　× 　 9
―――――

第1章　1秒暗算

答えは次のページ

十の位が同じ数のときは、一の位をたし算してみよう

4 一の位の和が10になる数をかける暗算術 基本編

83 × 87 のように一の位の数をたすと 10 になり（ここでは 3＋7 ＝ 10）、十の位の数が等しくなっている（ここでは 8）2 ケタの数どうしのかけ算の答えを一瞬で求めることができる暗算術です。

1 83 と 87 のかけ算を筆算するときのようにたてにならべて、下に 2 つのスペースをイメージします。

```
  8 3
× 8 7
─────
○○ ○○
```

2 （十の位の数）×（十の位の数より 1 大きい数）を計算した答えを、左下のスペースに右ヅメにしてならべます。8 × 9 = 72

```
  8 3
× 8 7
─────
 7 2 ○○
```

3 つづいて、一の位の数どうしをかけ算した答えを、右下のスペースに右ヅメにしてならべます。3 × 7 = 21　答えは、**7221** です。

```
  8 3
× 8 7
─────
 7 2 2 1
```

17 ページの答え
❶ 117　❷ 342　❸ 711　❹ 504　❺ 225　❻ 441　❼ 756　❽ 567　❾ 648　❿ 873　⓫ 774　⓬ 378

15×15、25×25、35×35を表す15^2、25^2、35^2なども一の位の数をたすと10になり、十の位の数が等しくなっているので、この暗算術を使うことができます。**25×25**の場合、

1 25×25を筆算するときのようにたてにならべて、下に2つのスペースをイメージします。

2 (十の位の数)×(十の位の数より1大きい数)を計算した答えを、左下のスペースに右ヅメにしてならべます。2×3＝6　1ケタの数をならべるときは、右ヅメにすることに注意してください。

3 つづいて、一の位の数どうしをかけ算した答えを、右下のスペースに右ヅメにしてならべます。5×5＝25

4 答えは、625です。

暗算術のしくみ

83 × 87 で暗算のしくみを見ていきましょう。

> 83 × 87 = (80 + 3) × (80 + 7)
> = 80 × 80 + 80 × 7 + 80 × 3 + 3 × 7 ← 一の位の数どうしのかけ算
> = 80 × (80 + 7 + 3) + 3 × 7
> = 80 × 90 + 3 × 7
> = 8 × 9 × 100 + 3 × 7
>   ↑ （十の位の数）×（十の位の数より1大きい数）
> = 72 × 100 + 21 ← 答えの上2ケタ72、下2ケタ21の登場
> = 7221

文字式を使って説明すると次のようになります。

一方の2ケタの数の十の位の数を a、一の位の数を b、他方の2ケタの数の十の位の数を a、一の位の数を c とおくと、2ケタの数は 10a + b、10a + c と表せます。（一の位の数どうしをたし算すると 10 なので、b + c = 10）
この2つの数をかけ算すると、

> $(10a + b) \times (10a + c)$
> $= 100a^2 + 10ac + 10ab + b \times c$
> $= 100a^2 + 10a(b + c) + b \times c$
> $= 100a^2 + 100a + b \times c$ ← b + c に 10 を代入
> $= a \times (a + 1) \times 100 + b \times c$

a ×（a + 1）× 100 は、（十の位の数）×（十の位の数より1大きい数）が上2ケタの数であることを表し、b × c が下2ケタの数を表しています。

暗算のトレーニング

1秒で解けるように、練習してみましょう。

① 32 × 38

② 61 × 69

③ 86 × 84

④ 27 × 23

⑤ 78 × 72

⑥ 14 × 16

⑦ 65 × 65

⑧ 75 × 75

⑨ 85 × 85

⑩ 15 × 15

⑪ 95 × 95

⑫ 55 × 55

第1章 1秒暗算

答えは次のページ

5 十の位の和が10になる数をかける暗算術

一の位が同じ数のときは、十の位をたし算してみよう

> 74×34のように十の位の数をたすと10になり（ここでは3＋7＝10）、一の位の数が等しくなっている（ここでは4）2ケタの数どうしのかけ算の答えを一瞬で求めることができる暗算術です。

1 74と34のかけ算を筆算するときのようにたてにならべて、下に2つのスペースをイメージします。

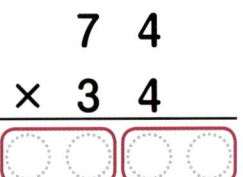

2 十の位の数どうし（ここでは、7と3）をかけ算して、一の位の数（ここでは4）をたし算します。7×3＋4＝21＋4＝25　これを、左下のスペースに右ヅメにしてならべます。

3 つづいて、一の位の数どうしをかけ算して、これを、右下のスペースに右ヅメにしてならべます。4×4＝16　答えは、2516です。

21ページの答え
❶ 1216　❷ 4209　❸ 7224　❹ 621　❺ 5616　❻ 224　❼ 4225　❽ 5625　❾ 7225　❿ 225　⓫ 9025　⓬ 3025

念のために、もう一度 83 × 23 の計算で暗算術を確認しておきましょう。

1 83 × 23 を筆算するときのようにたてにならべて、下に２つのスペースをイメージします。

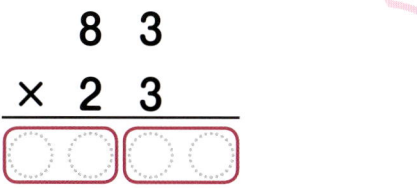

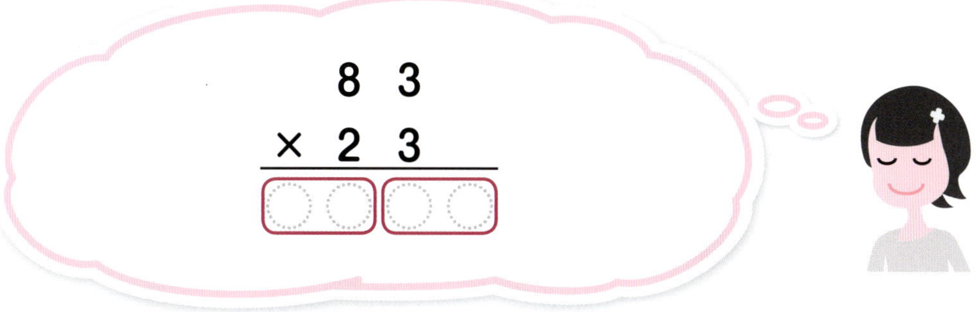

2 十の位の数どうし（ここでは、8 と 2）をかけ算して、一の位の数（ここでは 3）をたし算します。8 × 2 + 3 = 16 + 3 = 19　これを、左下のスペースに右ヅメにしてならべます。

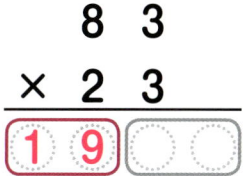

3 つづいて、一の位の数どうしをかけ算して、これを、右下のスペースに右ヅメにしてならべます。3 × 3 = 9　9 という１ケタの数を右ヅメにしてならべるので 09 とすることに注意しましょう。

4 答えは、1909 です。

暗算術のしくみ

74 × 34 で暗算のしくみを見ていきましょう。

$$\begin{aligned}
74 \times 34 &= (70 + 4) \times (30 + 4) \\
&= 70 \times 30 + 70 \times 4 + 30 \times 4 + \color{red}{4 \times 4}
\end{aligned}$$

↑ 一の位の数どうしのかけ算 ↑

$$\begin{aligned}
&= 7 \times 3 \times 100 + 4 \times (70 + 30) + 4 \times 4 \\
&= \color{red}{(7 \times 3 + 4)} \times 100 + 4 \times 4
\end{aligned}$$

↑ 十の位の数どうしをかけ算して、一の位の数をたす

$$= \color{red}{25} \times 100 + \color{red}{16}$$ ← 答えの上2ケタ 25、下2ケタ 16 の登場

$$= 2516$$

文字式を使って説明すると次のようになります。

一方の2ケタの数の十の位の数を a、一の位の数を b、他方の2ケタの数の十の位の数を c、一の位の数を b とおくと、2ケタの数は 10a + b、10c + b と表せます。
(十の位の数どうしをたし算すると 10 なので、a + c = 10)
この2つの数をかけ算すると、

$$\begin{aligned}
&(10a + b) \times (10c + b) \\
&= 100ac + 10ab + 10bc + b \times b \\
&= 100ac + 10b(a + c) + b \times b \\
&= 100ac + 100b + b \times b \quad \leftarrow a + c に 10 を代入 \\
&= \color{red}{(a \times c + b) \times 100 + b \times b}
\end{aligned}$$

$\color{red}{(a \times c + b)} \times 100$ は、十の位の数どうしをかけ算して、一の位の数をたした数が、上2ケタの数であることを表し、$\color{red}{b \times b}$ が下2ケタの数を表しています。

暗算のトレーニング

1秒で解けるように、練習してみましょう。

① 16 × 96

② 69 × 49

③ 58 × 58

④ 27 × 87

⑤ 42 × 62

⑥ 31 × 71

⑦ 95 × 15

⑧ 33 × 73

⑨ 84 × 24

⑩ 56 × 56

⑪ 79 × 39

⑫ 18 × 98

答えは次のページ

6 99、999、9999をかける暗算術

連続する9には、ひき算がよく似合う

> **46 × 99** の 99 のように 9 が連続する数を、その数より小さい数にかけ算するときに使える暗算術を紹介します。

1 46と99のかけ算を筆算するときのようにたてにならべて、下に2つのスペースをイメージします。このとき、右下のスペースは99のケタ数にそろえて2ケタとります。

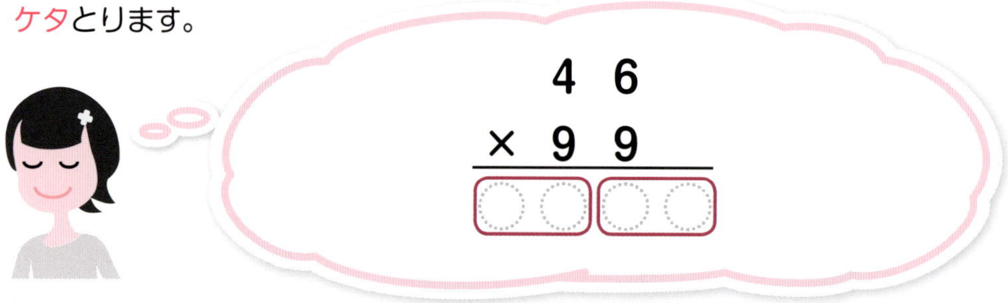

```
  4 6
× 9 9
─────
(○○)(○○)
```

2 99にかけ算する相手の数（ここでは46）から1をひき算した答えを、左下のスペースに右ヅメにしてならべます。46 − 1 = 45

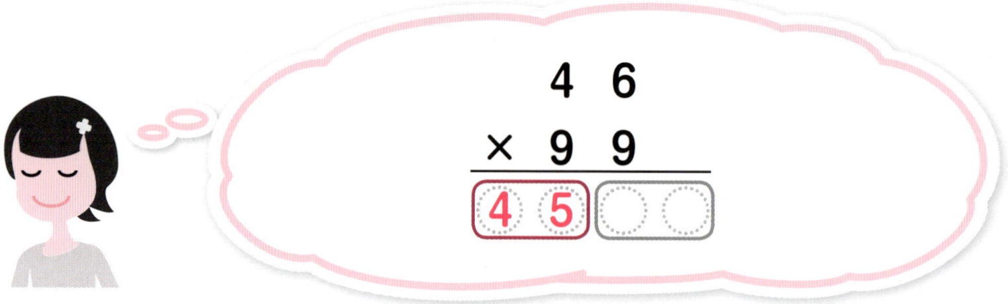

```
  4 6
× 9 9
─────
(4 5)(○○)
```

3 左下のスペースにならべた数（ここでは45）を99からひき算した答えを、右下のスペースに右ヅメにしてならべます。99 − 45 = 54

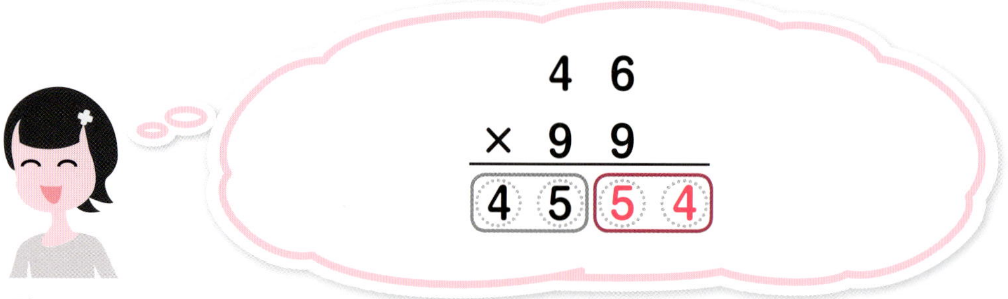

```
  4 6
× 9 9
─────
(4 5)(5 4)
```

4 答えは、4554 です。

25ページの答え

❶ 1536　❷ 3381　❸ 3364　❹ 2349　❺ 2604　❻ 2201　❼ 1425　❽ 2409　❾ 2016　❿ 3136　⓫ 3081　⓬ 1764

9が何個連続しても暗算の方法は同じです。9が連続する数のケタ数にそろえて右下のスペースをとることを忘れないようにしてください。それでは、**958 × 999** を使って、もう一度この暗算術を確認しておきましょう。

1 958と999のかけ算を筆算するときのようにたてにならべて、下に2つのスペースをイメージします。右下のスペースは、999のケタ数にそろえて3ケタとります。

　　958
×　999
[○○○][○○○]

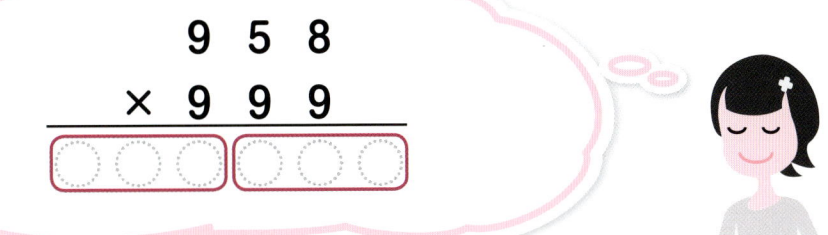

2 999にかけ算する相手の数（ここでは958）から1をひき算した答えを、左下のスペースに右ヅメにしてならべます。958 − 1 = 957

　　958
×　999
[957][○○○]

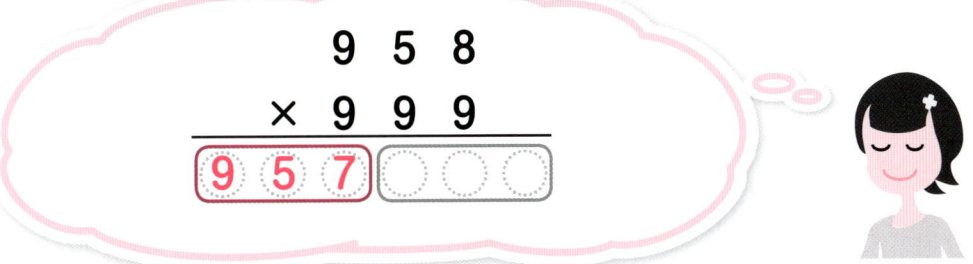

3 左下のスペースにならべた数（ここでは957）を999からひき算した答えを、右下のスペースに右ヅメにしてならべます。999 − 957 = 42　42という2ケタの数を右下のスペースに右ヅメにしてならべるので042とすることに注意しましょう。

　　958
×　999
[957][042]

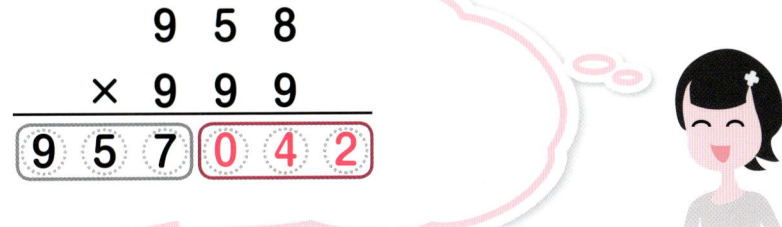

4 答えは、957042です。

暗算術のしくみ

46×99で暗算のしくみを見ていきましょう。

$$
\begin{aligned}
46 \times 99 &= 46 \times (100 - 1) \\
&= 46 \times 100 - 46 \\
&= 4600 - 46 \\
&= 4500 + 100 - 46 \\
&= 4500 + 99 + 1 - 46 \\
&= 45 \times 100 + 99 - 45 \\
&= 4554
\end{aligned}
$$

↑ 99から上2ケタの数をひき算した数が下2ケタ

↑ 99にかけ算する相手の数から1をひき算した数が上2ケタ

文字式を使って説明すると次のようになります。
99にかけ算する相手の数をaとおいて、aと99をかけ算すると、

$$
\begin{aligned}
a \times 99 &= a \times (100 - 1) \\
&= a \times 100 - a \\
&= (a - 1 + 1) \times 100 - a \\
&= (a - 1) \times 100 + 100 - a \\
&= (a - 1) \times 100 + 99 + 1 - a \\
&= (a - 1) \times 100 + 99 - (a - 1)
\end{aligned}
$$

↑ 99にかけ算する相手の数aから1をひき算した数が上2ケタ

↑ 99から上2ケタの数a−1をひき算した数が下2ケタ

暗算のトレーニング

1秒で解けるように、練習してみましょう。

① 72 × 99

② 47 × 99

③ 31 × 99

④ 93 × 99

⑤ 69 × 999

⑥ 85 × 999

⑦ 920 × 999

⑧ 101 × 999

⑨ 264 × 9999

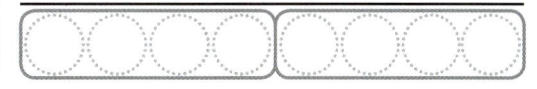

⑩ 593 × 9999

⑪ 1999 × 9999

⑫ 2012 × 9999

答えは次のページ

7 5をかける暗算術

「5をかける」ときは「半分にする」

突然ですが、46を半分にする（2でわり算する）といくつになるでしょうか？ そうです、23になりますね。暮らしの中での経験からでしょうか、ある数を半分にした数というのはイメージしやすいように思われます。ある数に5をかけ算するときに、それを利用する暗算術があります。**46 × 5** を使って説明してみましょう。

1 5をかけ算する相手の数である46を半分にします（2でわり算します）。

$$46 ÷ 2 = 23$$

2 ①で求めた数を10倍すると答えになります。答えは、230です。

$$23 × 10 = 230$$

この暗算術を利用すれば、50や0.05などをかける計算もかんたんにできてしまいます。**340 × 50** の場合であれば、

1 340 × 50 = 340 × 5 × 10 なので、まずは、上の『5をかける暗算術』を使います。340を半分にして、340 ÷ 2 = 170　これを10倍するので、170 × 10 = 1700

$$340 ÷ 2 = 170 \quad 170 × 10 = 1700$$

2 ①を10倍するので、1700 × 10 = 17000　答えは、17000です。

29ページの答え
❶ 7128　❷ 4653　❸ 3069　❹ 9207　❺ 68931　❻ 84915　❼ 919080　❽ 100899　❾ 2639876　❿ 5929407　⓫ 19988001　⓬ 20117988

$$1700 \times 10 = 17000$$

2680 × 0.05 ならば、

① 2680 × 0.05 = 2680 × 5 ÷ 100 なので、まずは、最初の『5をかける暗算術』を使います。2680を半分にして、2680 ÷ 2 = 1340　これを10倍するので、1340 × 10 = 13400

$$2680 ÷ 2 = 1340 \quad 1340 \times 10 = 13400$$

② ①を100でわり算するので、13400 ÷ 100 = 134　答えは、134です。

$$13400 ÷ 100 = 134$$

＊0.5をかけ算するときは、0.5 = $\frac{1}{2}$ なので、もっとかんたんに、0.5をかけ算する相手の数を半分にするだけで答えになります。たとえば、852 × 0.5 ならば、852を半分にするだけなので、852 ÷ 2 = 426 と暗算します。

$$852 ÷ 2 = 426$$

暗算術のしくみ

『5をかける暗算術』のしくみを、46 × 5を使って、説明します。

$$
\begin{aligned}
46 \times 5 &= 46 \times \frac{10}{2} \\
&= 46 \times 10 ÷ 2 \\
&= 46 ÷ 2 \times 10
\end{aligned}
$$

← 5をかけ算する相手の数を半分にして、10倍しています。

第1章　1秒暗算

暗算のトレーニング

1秒で解けるように、練習してみましょう。

① 58 × 5

② 96 × 5

③ 74 × 5

④ 62 × 5

⑤ 408 × 5

⑥ 156 × 5

⑦ 24 × 50

⑧ 86 × 50

⑨ 360 × 50

⑩ 786 × 50

⑪ 962 × 0.5

⑫ 1192 × 0.5

⑬ 2700 × 0.05

⑭ 6400 × 0.05

答えは次のページ

ちょっと、ひと息

ピザはどのサイズがお得？

日本人が大好きな宅配ピザ。S・M・Lサイズの中で一番お得なのは、どのサイズなのでしょうか。Sサイズ（直径20cm/1,300円）、Mサイズ（直径25cm/2,300円）、Lサイズ（直径36cm/3,400円）として価格÷面積を計算して、1cm²あたりの価格を求めてみましょう。

Sサイズ　1,300 ÷ (10 × 10 × 3.14) より、約4.1円/cm²
Mサイズ　2,300 ÷ (12.5 × 12.5 × 3.14) より、約4.7円/cm²
Lサイズ　3,400 ÷ (18 × 18 × 3.14) より、約3.3円/cm²

以上より、お得度はLサイズ、Sサイズ、Mサイズの順になります。

「5でわる」ときは「2倍する」

8 5でわる暗算術

『5をかける暗算術』では、5をかけずに答えを求める方法を紹介しました。今回は、『5でわる暗算術』です。これもまた、実際に5でわり算することなく答えを求めることができます。**215 ÷ 5** を使って説明してみましょう。

① 5でわり算する相手の数である215を2倍します（2をかけ算します）。

$$215 \times 2 = 430$$

② ①で求めた数を10でわり算すると答えになります。答えは、43 です。

$$430 \div 10 = 43$$

この暗算術を利用すれば、50や0.05などでわる計算もかんたんにできてしまいます。**12300 ÷ 50** の場合であれば、

① 12300 ÷ 50 = 12300 ÷ 5 ÷ 10 なので、まずは、上の『5でわる暗算術』を使います。12300を2倍して、12300 × 2 = 24600　これを10でわり算して、24600 ÷ 10 = 2460

$$12300 \times 2 = 24600 \quad 24600 \div 10 = 2460$$

② ①をさらに10でわり算するので、2460 ÷ 10 = 246　答えは、246 です。

32ページの答え
❶ 290　❷ 480　❸ 370　❹ 310　❺ 2040　❻ 780　❼ 1200　❽ 4300　❾ 18000　❿ 39300　⓫ 481　⓬ 596　⓭ 135　⓮ 320

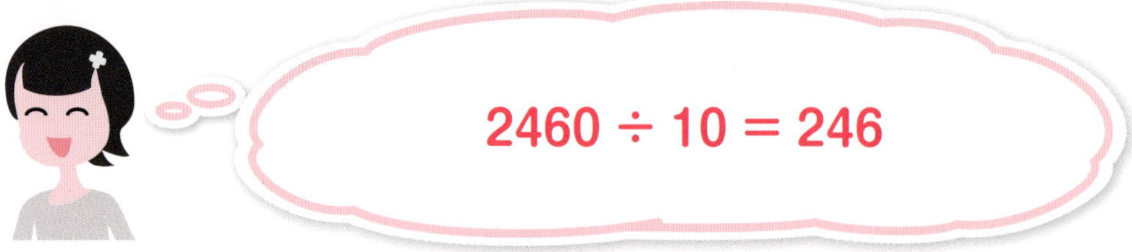

$$2460 ÷ 10 = 246$$

370 ÷ 0.05 ならば、

① 370 ÷ 0.05 ＝ 370 ÷（5 ÷ 100）＝ 370 ÷ 5 × 100 なので、まずは、前出の『5 でわる暗算術』を使います。370 を 2 倍して、370 × 2 ＝ 740
これを 10 でわり算するので、740 ÷ 10 ＝ 74

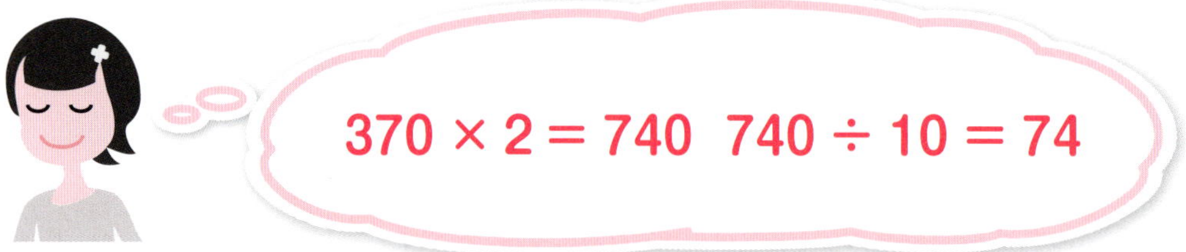

$$370 × 2 = 740 \quad 740 ÷ 10 = 74$$

② ①に 100 をかけ算するので、74 × 100 ＝ 7400　答えは、7400 です。

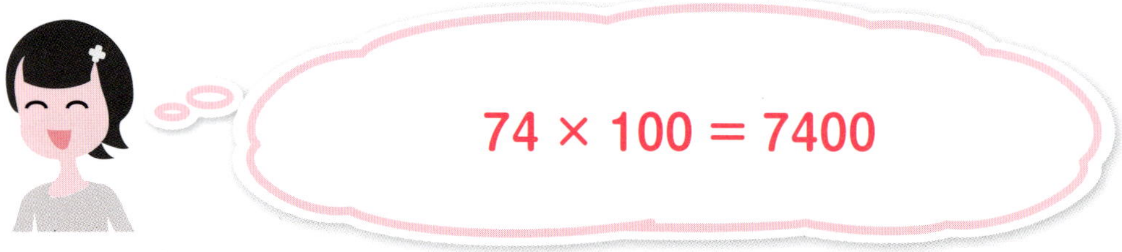

$$74 × 100 = 7400$$

＊ 0.5 でわり算するときは、0.5 ＝ $\frac{1}{2}$ なので、0.5 でわり算する相手の数を 2 倍にするだけで答えになります。たとえば、82 ÷ 0.5 ならば、
82 ÷ 0.5 ＝ 82 ÷ $\frac{1}{2}$ ＝ 82 × 2 ＝ 164 と暗算します。

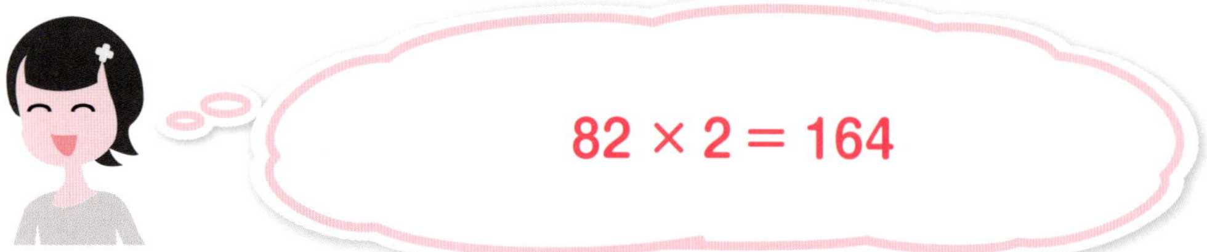

$$82 × 2 = 164$$

暗算術のしくみ

『5 でわる暗算術』のしくみを、215 ÷ 5 を使って、説明します。

$$215 ÷ 5 = 215 ÷ \frac{10}{2}$$
$$\qquad\quad\; = 215 × \frac{2}{10}$$
$$\qquad\quad\; = 215 × 2 ÷ 10$$

← 5 でわり算する相手の数を 2 倍して、10 でわり算しています。

暗算のトレーニング

1秒で解けるように、練習してみましょう。

① 320 ÷ 5

② 845 ÷ 5

③ 680 ÷ 5

④ 935 ÷ 5

⑤ 1470 ÷ 5

⑥ 4105 ÷ 5

⑦ 2350 ÷ 50

⑧ 5750 ÷ 50

⑨ 63450 ÷ 50

⑩ 11150 ÷ 50

⑪ 99 ÷ 0.5

⑫ 88 ÷ 0.5

⑬ 76 ÷ 0.05

⑭ 48 ÷ 0.05

答えは次のページ

第1章 1秒暗算

ちょっと、ひと息

タクシー料金を公平に割り勘する方法

降車場所の異なるAさん、Bさん、Cさんが一台のタクシーに相乗りして、料金を割り勘にするとします。Aさん、Bさん、Cさんが一人でタクシーを利用したときの料金を、それぞれ1,000円、2,000円、3,000円、3人で相乗りしたときに最後に請求される料金を4,200円と仮定します（料金はかんたんにインターネットで試算できます）。公平にするため全員の割引率、すなわち支払い率をそろえて、これを r とします。

1000r + 2000r + 3000r = 4200 より、$r = \frac{4200}{6000} = \frac{7}{10}$ つまり、このケースでは支払い率70％（30％割引）とすれば、Aさん700円、Bさん1,400円、Cさん2,100円の負担で公平に割り勘できることがわかります。

第2章 3秒暗算

ずらしてかんたん、2ケタ九九

1 11から19までの九九の暗算術

> 11から19までの2ケタの数どうしをかけ算するときに使える暗算術です。**17×18**を例に説明していきます。

1 どちらかの数ともう一方の数の一の位の数をたし算します。17 + 8 = 25
（18 + 7 = 25 でもかまいません）

2 一の位の数どうしをかけ算して、図のようにずらしたスペースに右ヅメにしてならべます。7 × 8 = 56

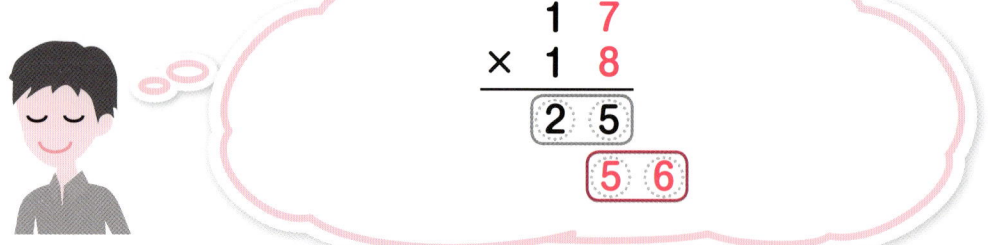

3 2つのスペースの数を上下にたし算すればできあがりです。答えは、306 です。

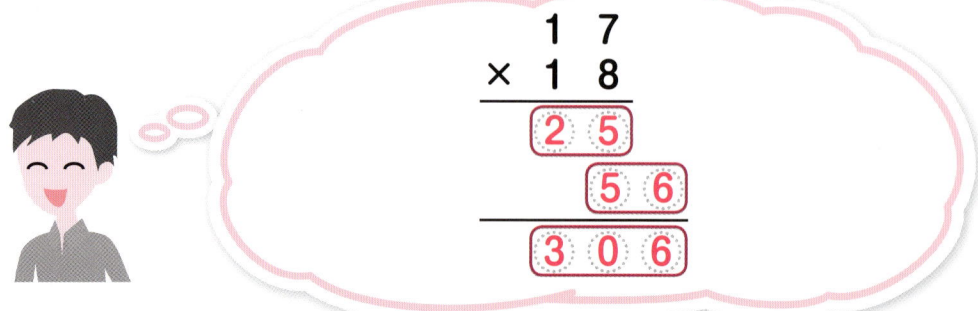

35ページの答え
❶ 64　❷ 169　❸ 136　❹ 187　❺ 294　❻ 821　❼ 47　❽ 115　❾ 1269　❿ 223　⓫ 198　⓬ 176　⓭ 1520　⓮ 960

> この暗算術は、1.1 や 0.18 のような小数や 170 のような数でも使うことができます。たとえば、**1.3 × 12** であれば、

1 1.3 × 12 = 13 × 12 ÷ 10 なので、13 × 12 の答えを求めてから、10 でわり算すればよいことになります。まずは、暗算術を使います。13 + 2 = 15

```
    1 3
  × 1 2
  ─────
   1 5
```

2 一の位の数どうしをかけ算して、ずらしたスペースに右ヅメにしてならべます。
3 × 2 = 6

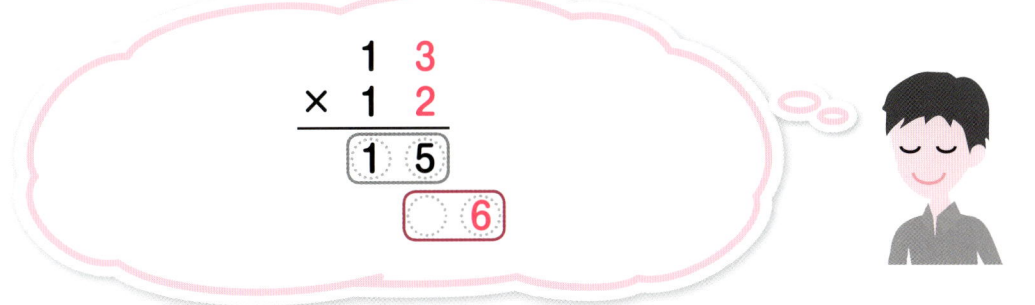

```
    1 3
  × 1 2
  ─────
   1 5
      6
```

3 2つのスペースの数を上下にたし算します。156

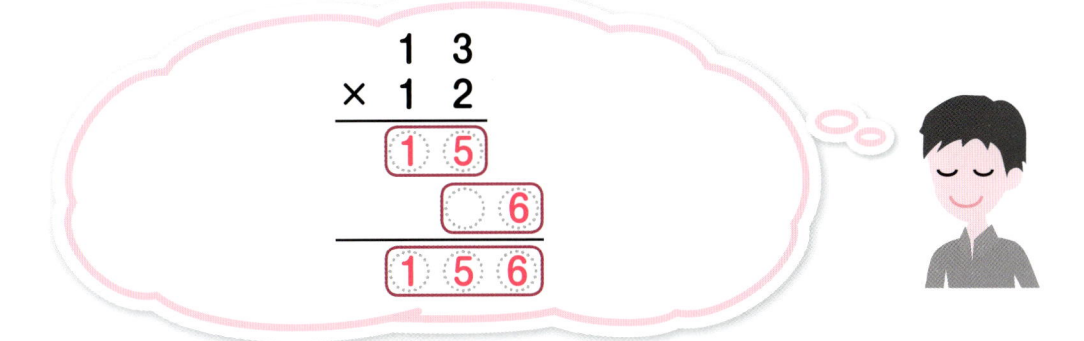

```
    1 3
  × 1 2
  ─────
   1 5
      6
   1 5 6
```

4 **3**で求めた数を 10 でわり算します。156 ÷ 10 = 15.6
答えは、15.6 です。

第2章 3秒暗算

$$156 \div 10 = 15.6$$

暗算術のしくみ

17×18 で暗算のしくみを見ていきましょう。

$$17 \times 18 = (10 + 7) \times (10 + 8)$$
$$= 10 \times 10 + 10 \times 8 + 10 \times 7 + 7 \times 8$$
$$= 10 \times (10 + 7 + 8) + 7 \times 8$$
$$= 10 \times (17 + 8) + 7 \times 8$$

これより、一方の数ともう一方の数の一の位の数をたし算して「$17 + 8$」、位をひとつずらし「$(17 + 8) \times 10$」、2つの数の一の位の数どうしをかけて「7×8」、たし算すればよいことがわかります。

$$= 306$$

文字式を使って説明すると次のようになります。
一方の2ケタの数の一の位の数を a、もう一方の一の位の数を b とおくと、2ケタの数は $10 + a$、$10 + b$ と表せます。
この2つの数をかけ算すると、

$$(10 + a) \times (10 + b)$$
$$= 10 \times 10 + 10b + 10a + a \times b$$
$$= 10\{(10 + a) + b\} + a \times b$$

これより、一方の数ともう一方の数の一の位の数をたし算して「$(10 + a) + b$」、それを 10 倍することによって位をずらし、2つの数の一の位の数どうしをかけて「$a \times b$」、たし算すればよいことがわかります。

暗算のトレーニング

3秒で解けるように、練習してみましょう。

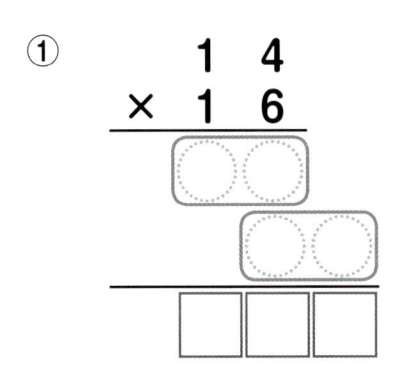

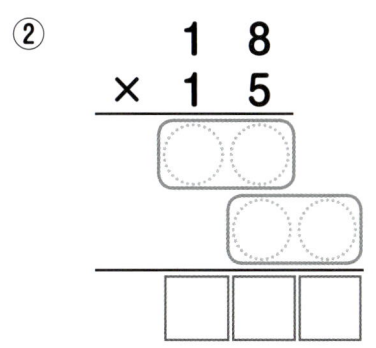

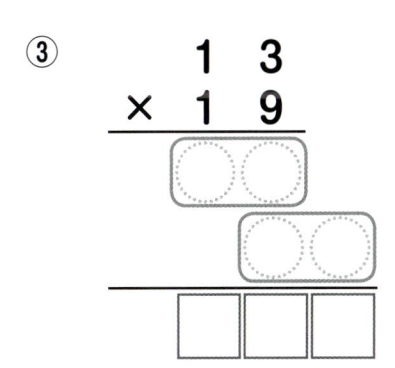

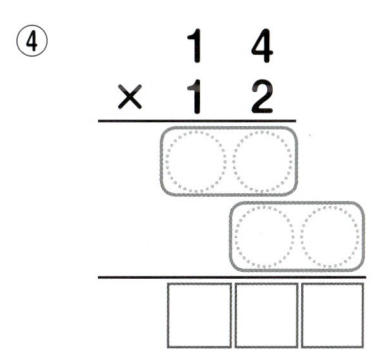

① 14 × 16

② 18 × 15

③ 13 × 19

④ 14 × 12

⑤ 18 × 12

⑥ 16 × 12

⑦ 1.7 × 13

⑧ 1.9 × 15

⑨ 0.15 × 14

⑩ 0.18 × 19

答えは次のページ

第2章 3秒暗算

慣れればかんたん、2ケタ九九

2 2ケタと1ケタの数をかける暗算術

> 2ケタと1ケタの数をかけ算するときに使える暗算術です。まず、**38×7**を例に説明していきます。

1 2ケタの数の十の位の数（ここでは 3）と 1ケタの数（ここでは 7）をかけ算します。3 × 7 = 21

```
   3 8
 ×   7
 ─────
  2 1
```

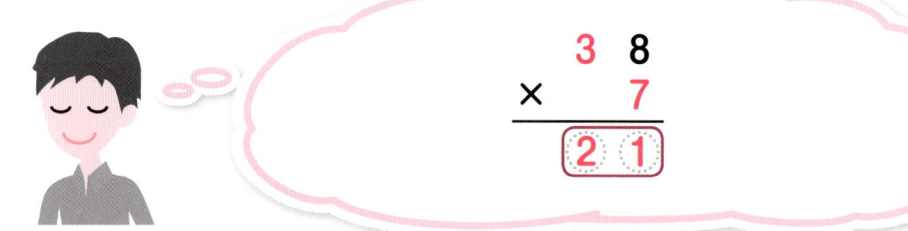

2 2ケタの数の一の位の数（ここでは 8）と 1ケタの数（ここでは 7）をかけ算して、図のようにずらしたスペースに右ヅメにしてならべます。8 × 7 = 56

```
   3 8
 ×   7
 ─────
  2 1
    5 6
```

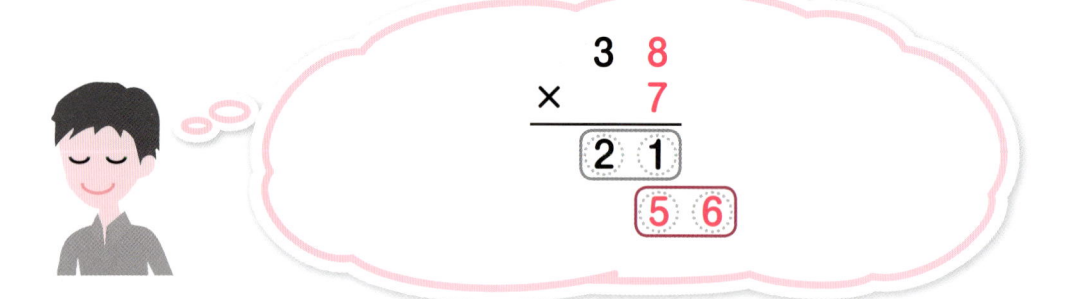

3 2つのスペースの数を上下にたし算すればできあがりです。答えは、266 です。

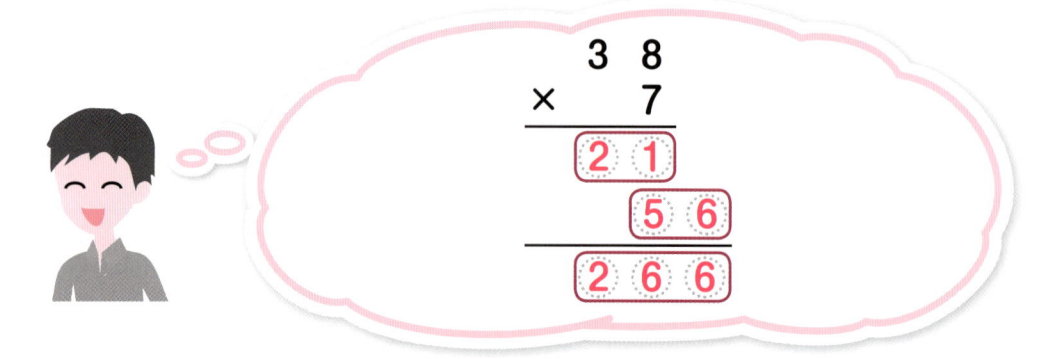

```
   3 8
 ×   7
 ─────
  2 1
    5 6
 ─────
  2 6 6
```

39ページの答え
❶ 224 ❷ 270 ❸ 247 ❹ 168 ❺ 216 ❻ 192 ❼ 22.1 ❽ 28.5 ❾ 2.1 ❿ 3.42

この暗算術を応用すると、たとえば、**4.3 × 6** であれば、4.3 × 6 = 43 × 6 ÷ 10 なので、43 × 6 の答えを求めてから、10 でわり算すればよいことになります。

1 43 × 6 で、2ケタの数の十の位の数（ここでは 4）と 1 ケタの数（ここでは 6）をかけ算します。4 × 6 = 24

```
    4 3
 ×    6
 ─────
   2 4
```

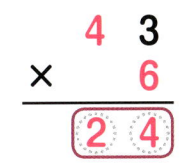

2 2ケタの数の一の位の数（ここでは 3）と 1 ケタの数（ここでは 6）をかけ算して、図のようにずらしたスペースに右ヅメにしてならべます。3 × 6 = 18

```
    4 3
 ×    6
 ─────
   2 4
     1 8
```

3 2つのスペースの数を上下にたし算します。258

```
    4 3
 ×    6
 ─────
   2 4
     1 8
 ─────
   2 5 8
```

4 **3**で求めた数を 10 でわり算します。258 ÷ 10 = 25.8
答えは、25.8 です。

$$258 ÷ 10 = 25.8$$

第2章 3秒暗算

さらに、**290 × 80** であれば、290 × 80 ＝ 29 × 8 × 10 × 10
＝ 29 × 8 × 100 と考えて、29 × 8 を求めて 100 倍します。

1 29 × 8 で、2 ケタの数の十の位の数（ここでは 2）と 1 ケタの数（ここでは 8）をかけ算します。2 × 8 ＝ 16

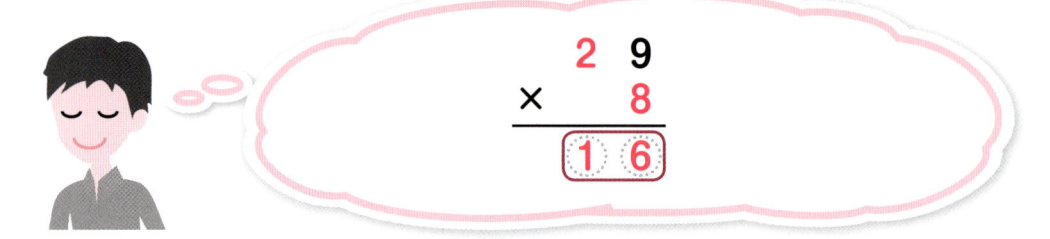

```
    2 9
×     8
─────────
  1 6
```

2 2 ケタの数の一の位の数（ここでは 9）と 1 ケタの数（ここでは 8）をかけ算して、図のようにずらしたスペースに右ヅメにしてならべます。9 × 8 ＝ 72

```
    2 9
×     8
─────────
  1 6
    7 2
```

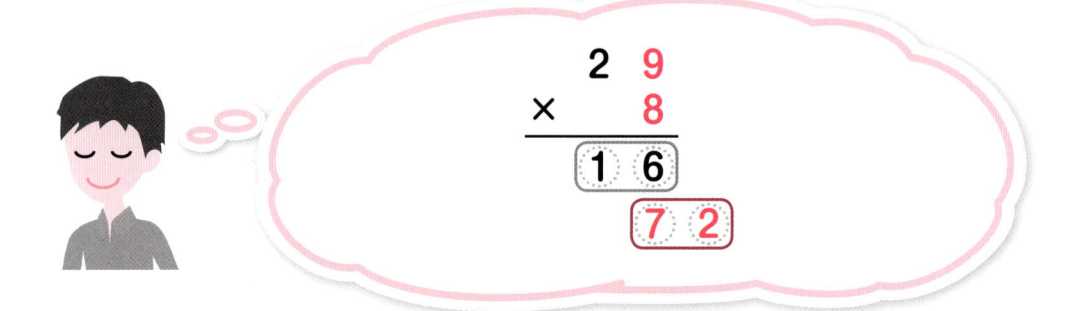

3 2 つのスペースの数を上下にたし算します。232

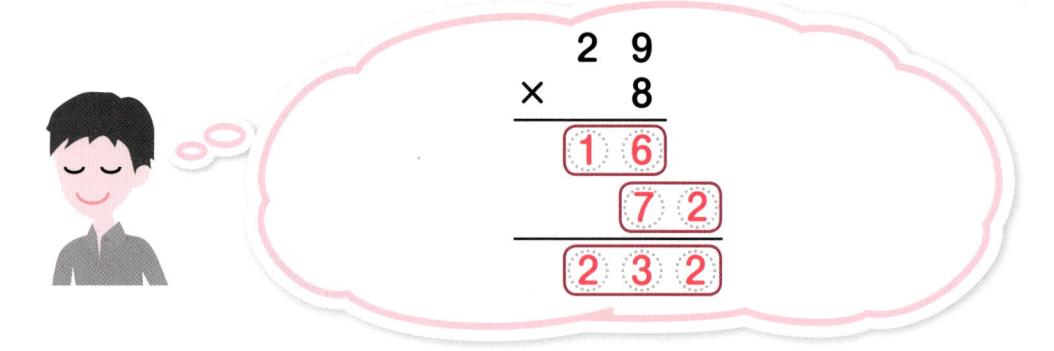

```
    2 9
×     8
─────────
  1 6
    7 2
─────────
  2 3 2
```

4 ③で求めた数に 100 をかけ算します。232 × 100 ＝ 23200
答えは、23200 です。

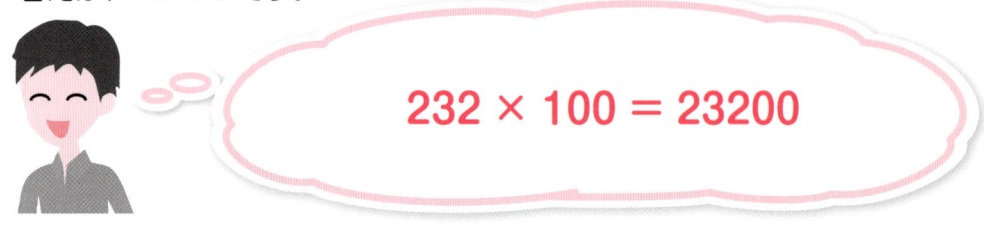

232 × 100 ＝ 23200

暗算のトレーニング

3秒で解けるように、練習してみましょう。

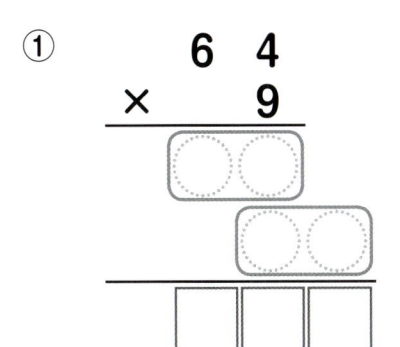

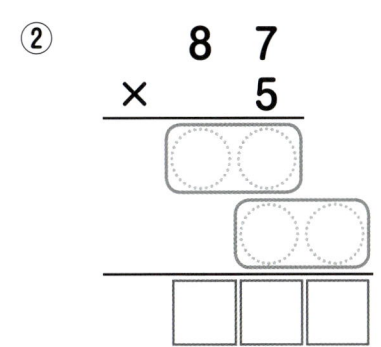

① 64 × 9

② 87 × 5

③ 53 × 6

④ 72 × 8

⑤ 48 × 7

⑥ 96 × 4

⑦ 3.9 × 8

⑧ 2.4 × 5

⑨ 860 × 70

⑩ 590 × 30

答えは次のページ

ちょっと、ひと息

おつりを一瞬で知る方法

買い物で千円札や一万円札を出したときのおつりは、「9をつくる方法」がかんたんです。たとえば、678円の買い物で千円札を出したとすると、それぞれの位でたし算して9になる数を求めていきます（いつでも一の位だけは、たし算して10にします）。6→3、7→2、8→2なので、322円がおつりとなります。3,592円の買い物で一万円札を出したとすると、3→6、5→4、9→0、2→8より、6,408円がおつりです。
500円玉を出したときのおつりは、百の位はたし算して4になる数にします。247円の買い物ならば、2→2、4→5、7→3で253円のおつりになります。

100との差を見れば答えがわかる暗算術

3 100に近い数をかける暗算術

100に近い数どうしをかけ算するときに使える暗算術です。100との差が9以下の数のときに役に立ちます。はじめに、100より小さい数どうしをかける場合について **98 × 97** を例に説明していきます。

1 98と97をたてにならべて、それぞれの数と100の差をよこにならべます（98と100の差は 2、97と100の差は 3）。このとき、98と97は100より小さい数なので、差にマイナスの符号をつけます。

```
  9 8    − 2
× 9 7    − 3
```

2 差の下に2ケタのスペースをイメージして、差を上下にかけ算した数（ここでは、2 × 3 = 6）をそのスペースに右ヅメにしてならべます。2ケタのスペースなので 06 とします。

```
  9 8    − 2
× 9 7    − 3
         0 6
```

3 100に近い数と、かけ算する相手の数と100の差をななめに計算します（98 − 3 = 95 または 97 − 2 = 95）。求めた数を **2** のスペースの左にならべます。答えは、9506 です。

```
  9 8    − 2
× 9 7    − 3
  9 5    0 6
```

43ページの答え
❶ 576 ❷ 435 ❸ 318 ❹ 576 ❺ 336 ❻ 384 ❼ 31.2 ❽ 12 ❾ 60200 ❿ 17700

次に、100より大きい数どうしをかけ算する場合を **106 × 108** を使って説明していきます。

1 106と108をたてにならべて、それぞれの数と100の差をよこにならべます（106と100の差は6、108と100の差は8）。このとき、106と108は100より大きい数なので、差にプラスの符号をつけます。

$$\begin{array}{rr} 106 & +6 \\ \times\ 108 & +8 \end{array}$$

2 差を上下にかけ算した数（ここでは、6 × 8 = 48）をさきほどと同じように下のスペースに右ヅメにしてならべます。

$$\begin{array}{rr} 106 & +6 \\ \times\ 108 & +8 \\ \hline 48 & \end{array}$$

3 さきほどと同じようにななめに計算します（106 + 8 = 114 または 108 + 6 = 114）。求めた数を **2** のスペースの左にならべます。答えは、11448 です。

$$\begin{array}{rr} 106 & +6 \\ \times\ 108 & +8 \\ \hline 114\ \ 48 & \end{array}$$

最後に、100より大きい数と小さい数をかける場合を **96 × 105** で紹介します。

1 2つの数字と、差をならべます。

$$\begin{array}{rr} 96 & -4 \\ \times\ 105 & +5 \end{array}$$

2 差を上下にかけ算した数は、$4 \times 5 = 20$ より 20 なのですが、100 より大きい数と小さい数をかける場合には、20 を下のスペースにならべるのではなく、20 の 100 に対する補数（20 にたし算して 100 になる数）である 80 をならべます。

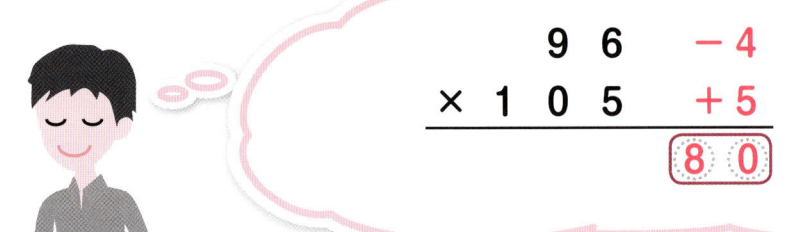

```
    9 6   −4
  × 1 0 5  +5
           ─────
          [8 0]
```

3 さきほどと同じようにななめに計算します（$96 + 5 = 101$ または $105 − 4 = 101$）。求めた数から 1 をひき算した数を **2** のスペースの左にならべます。$101 − 1 = 100$　答えは、10080 です。

```
    9 6 ╳ −4
  × 1 0 5   +5
  ─────────────
  [1 0 0] [8 0]
```

暗算術のしくみ

98×97 で暗算のしくみを見ていきましょう。

$98 \times 97 = (100 − 2) \times (100 − 3)$
$\qquad = 100 \times 100 − 100 \times 3 − 100 \times 2 + 2 \times 3$
$\qquad = 100 \times (100 − 3 − 2) + 2 \times 3$
$\qquad = 100 \times (98 − 3) + 2 \times 3$

これより、一方の数と、もう一方の数と 100 の差を計算して「$98 − 3$」、位を 2 ケタずらし「$(98 − 3) \times 100$」、2 つの数と 100 の差どうしをかけ算して「2×3」、たし算すればよいことがわかります。

$\qquad = 9506$

暗算のトレーニング

3秒で解けるように、練習してみましょう。

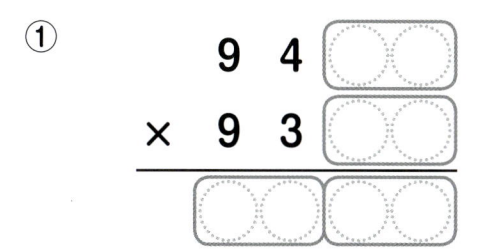

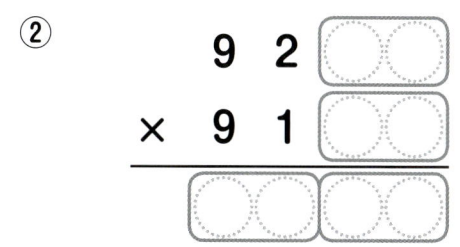

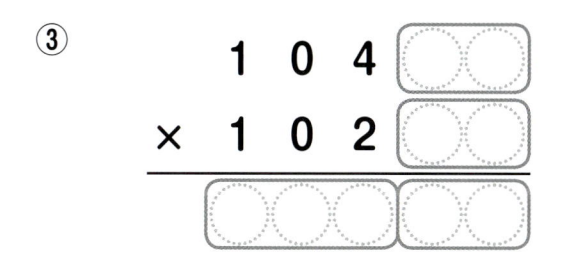

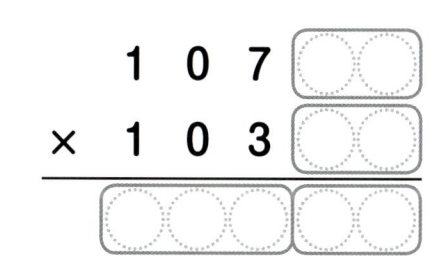

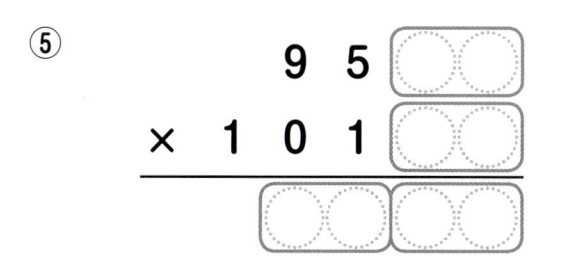

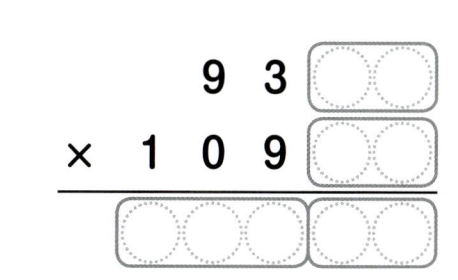

① 94 × 93

② 92 × 91

③ 104 × 102

④ 107 × 103

⑤ 95 × 101

⑥ 93 × 109

⑦ 96 × 92

⑧ 91 × 98

⑨ 105 × 108

⑩ 106 × 109

答えは次のページ

50との差を見れば答えがわかる暗算術
4 50に近い数をかける暗算術

> 50に近い数どうしをかけ算するときに使える暗算術です。50との差が9以下の数のときに役に立ちます。はじめに、50より小さい数どうしをかける場合について **49 × 46** を例に説明していきます。

1 49と46をたてにならべて、それぞれの数と50の差をよこにならべます（49と50の差は 1、46と50の差は 4）。このとき、49と46は50より小さい数なので、差にマイナスの符号をつけます。

```
    4 9    − 1
 ×  4 6    − 4
```

2 差の下に1ケタのスペースをイメージして、差を上下にかけ算した数（ここでは、1 × 4 = 4）をそのスペースにならべます。

```
    4 9    − 1
 ×  4 6    − 4
           ─────
              4
```

3 50に近い数と、かけ算する相手の数と50の差をななめに計算します（49 − 4 = 45 または 46 − 1 = 45）。求めた数を 5倍して（45 × 5 = 225）、**2**のスペースの左にならべます。答えは、2254 です。

```
    4 9    − 1
 ×  4 6    − 4
   ─────────────
    2 2 5    4
```

47ページの答え
❶ 8742 ❷ 8372 ❸ 10608 ❹ 11021 ❺ 9595 ❻ 10137 ❼ 8832 ❽ 8918 ❾ 11340 ❿ 11554

次に、50より大きい数どうしをかけ算する場合を **58 × 57** を使って説明していきます。

1 58と57をたてにならべて、それぞれの数と50の差をよこにならべます（58と50の差は 8、57と50の差は 7）。このとき、58と57は50より大きい数なので、差にプラスの符号をつけます。

```
    5 8    +8
×   5 7    +7
```

2 差を上下にかけ算した数（ここでは、8 × 7 = 56）を下のスペースにならべるのですが、スペースは1ケタなので5はくり上げします。

```
    5 8    +8
×   5 7    +7
   ─────
            6
    5
```

3 さきほどと同じようにななめに計算します（58 + 7 = 65 または 57 + 8 = 65）。求めた数を 5倍して（65 × 5 = 325）、❷のスペースの左にならべてくり上がりの数をたし算します。答えは、3306 です。

```
    5 8    +8
×   5 7    +7
   ─────
  3 2 5    6
    5
  ─────────
  3 3 0    6
```

第2章　3秒暗算

この暗算術は、50より大きい数と50より小さい数のかけ算や、30や40などに近い数をかける場合にも使えますが、すばやい暗算術とはいえません。そのような場合は、第4章で紹介する2ケタ暗算を使います。

暗算術のしくみ

49 × 46 で暗算のしくみを見ていきましょう。

$$49 \times 46 = (50 - 1) \times (50 - 4)$$
$$= 50 \times 50 - 50 \times 4 - 50 \times 1 + 1 \times 4$$
$$= 50 \times (50 - 1 - 4) + 1 \times 4$$
$$= 10 \times 5 \times (49 - 4) + 1 \times 4$$

これより、一方の数と、もう一方の数と50の差をひき算して「49 − 4」、5倍し「5 × (49 − 4)」、位を1ケタずらし「10 × 5 × (49 − 4)」、2つの数と50の差どうしをかけ算して「1 × 4」、たし算すればよいことがわかります。

$$= 2254$$

文字式を使って説明すると次のようになります。
2ケタの数を 50 − a、50 − b とおきます。この数をかけ算すると、

$$(50 - a) \times (50 - b)$$
$$= 50 \times 50 - 50 \times b - 50 \times a + a \times b$$
$$= 50 \times (50 - a - b) + a \times b$$
$$= 10 \times 5 \times \{(50 - a) - b\} + a \times b$$

これより、一方の数と、もう一方の数と50の差をひき算して「(50 − a) − b」、それを5倍して位を1ケタずらし「10 × 5 × {(50 − a) − b}」、2つの数と50の差どうしをかけ算して「a × b」、たし算すればよいことがわかります。

暗算のトレーニング

3秒で解けるように、練習してみましょう。

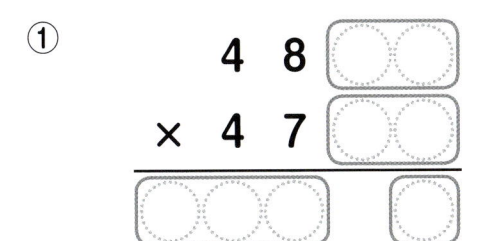

① 　　48
　×　47

② 　　54
　×　52

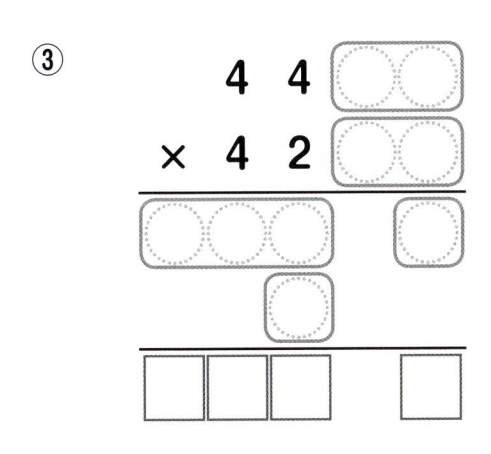

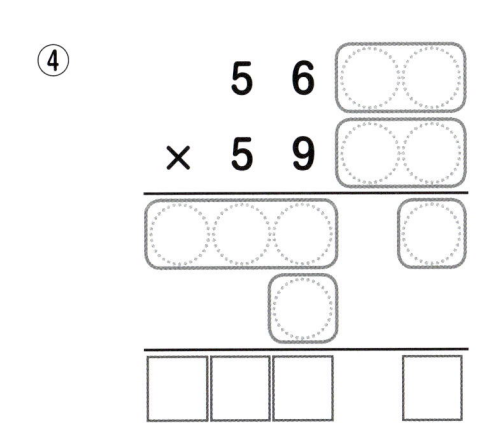

③ 　　44
　×　42

④ 　　56
　×　59

⑤ 　　49
　×　43

⑥ 　　58
　×　51

⑦ 　　45
　×　46

⑧ 　　53
　×　57

⑨ 　　41
　×　48

⑩ 　　52
　×　55

答えは次のページ

数字の性格、知っていますか？
5 割り切れる数を見つける暗算術

123456 が 3 で割り切れるのか、すぐにわかりますか？　ここでは、数の性質を使って、実際にわり算をしないで割り切れる数を見つける方法を紹介します。

＜2で割り切れる数＞
一の位が 0、2、4、6、8（偶数）である数。
（例） 4、16、128 など

＜3で割り切れる数＞
各位の数の和（すべての位の数をたし算した答え）が 3 で割り切れるような数。
（例） 78、123、111111 など

123456 ⇒ 1＋2＋3＋4＋5＋6＝21
21 は 3 で割り切れるので 123456 は 3 で割り切れる！

＜4で割り切れる数＞
下 2 ケタが 4 で割り切れるか 00 である数。
（例） 48、104、987600 など

36924 ⇒ 下 2 ケタだけを見る⇒ 24
24 は 4 で割り切れるので 36924 は 4 で割り切れる！

＜5で割り切れる数＞
一の位が 0、5 である数。
（例） 75、840、24685 など

---

51 ページの答え
❶ 2256　❷ 2808　❸ 1848　❹ 3304　❺ 2107　❻ 2958　❼ 2070　❽ 3021　❾ 1968　❿ 2860

＜6で割り切れる数＞

□÷6＝□÷3÷2なので、6で割り切れる数は、3と2の両方で割り切れる数。つまり、各位の数の和（すべての位の数をたし算した答え）が3で割り切れて、一の位が0、2、4、6、8である数。

（例）84、246、1110 など

> 13572 ⇒ 1＋3＋5＋7＋2＝18
>
> 18は3で割り切れて、一の位が2なので
> 13572は6で割り切れる！

＜7で割り切れる数＞

一の位の数を5倍して、そのほかの位の数にたし算した答えが7で割り切れる数。

（例）105、294、3654 など

> 196 ⇒ 6×5＝30（一の位を5倍）
> 　　 ⇒ 19＋30＝49（そのほかの位にたし算）
>
> 49は7で割り切れるので196は7で割り切れる！

＜8で割り切れる数＞

下3ケタが8で割り切れるか000である数。

（例）648、1248、357000 など

> 57168 ⇒ 下3ケタだけを見る ⇒ 168
>
> 168は8で割り切れるので57168は8で割り切れる！

＜9で割り切れる数＞

各位の数の和（すべての位の数をたし算した答え）が9で割り切れるような数。

（例）108、234、12321 など

> 121212 ⇒ 1＋2＋1＋2＋1＋2 ⇒ 9
> 9 は 9 で割り切れるので 121212 は 9 で割り切れる！

＜10 で割り切れる数＞
一の位が 0 である数。
（例）60、570、48620 など

＜11 で割り切れる数＞
各位の数をひとつ飛ばしてたし算した数どうしの差が、0 か 11 の倍数になる数（11 で割り切れる数）。
（例）1221、6259、693 など

> 43659 ⇒ 4＋6＋9＝19（ひとつ飛ばしでたし算）
> 43659 ⇒ 3＋5＝8（ひとつ飛ばしでたし算）
> 差は 19－8＝11　11 は 11 の倍数なので
> 43659 は 11 で割り切れる！

＜12 で割り切れる数＞
□÷12＝□÷4÷3 なので、12 で割り切れる数は、4 と 3 の両方で割り切れる数。つまり、下 2 ケタが 4 で割り切れるか 00 である数であり、なおかつ、各位の数の和（すべての位の数をたし算した答え）が 3 で割り切れる数。
（例）300、528、1116 など

> 2304 ⇒ 下 2 ケタを見る ⇒ 04
> ⇒ 2＋3＋0＋4＝9
> 下 2 ケタの数である 04 は 4 で割り切れて、なおかつ、各位の数の和 9 は 3 で割り切れるので 2304 は 12 で割り切れる！

暗算のトレーニング

3秒で解けるように、練習してみましょう。

① 3で割り切れる数をすべて選びましょう。

　ア．84　イ．198　ウ．286　エ．381　オ．1468　カ．2034　キ．10736

② 4で割り切れる数をすべて選びましょう。

　ア．128　イ．254　ウ．308　エ．1294　オ．3800　カ．7874　キ．21364

③ 6で割り切れる数をすべて選びましょう。

　ア．92　イ．186　ウ．234　エ．681　オ．1234　カ．2406　キ．11934

④ 7で割り切れる数をすべて選びましょう。

　ア．98　イ．146　ウ．217　エ．347　オ．462　カ．581　キ．623

⑤ 8で割り切れる数をすべて選びましょう。

　ア．136　イ．426　ウ．698　エ．1544　オ．2712　カ．13000　キ．14782

⑥ 9で割り切れる数をすべて選びましょう。

　ア．798　イ．3456　ウ．6789　エ．11339　オ．223344　カ．111222　キ．604080

⑦ 11で割り切れる数をすべて選びましょう。

　ア．209　イ．986　ウ．1212　エ．1386　オ．3984　カ．28038　キ．863115

⑧ 12で割り切れる数をすべて選びましょう。

　ア．156　イ．284　ウ．366　エ．708　オ．1612　カ．2800　キ．13572

答えは次のページ

6 約分の暗算術

2つの数に共通なもの、あなたには見えますか？

分数の分母と分子を同じ数でわり算する約分のコツを紹介していきます。はじめに、基本的な約分です。

$$\frac{126}{420}$$

1 分母と分子のどちらか小さい方の数（ここでは分子の 126）に注目します。割り切れる数を見つける暗算術で、2、3、5、7、9 で割り切れるかを考えます。

> 一の位が 6 ⇒ 2 で割り切れる
> 1＋2＋6＝9 ⇒ 9 でも 3 でも割り切れる
> 5×6＋12＝42 ⇒ 7 で割り切れる

2 今度は、分母が分子と同じ数で割り切れるかを考えます。

> 一の位が 0 ⇒ 2 で割り切れる
> 4＋2＋0＝6 ⇒ 3 で割り切れる
> 5×0＋42＝42 ⇒ 7 で割り切れる

3 分母と分子は 2×3×7＝42 で割り切れる。126÷42＝3　420÷42＝10

$$\frac{126}{420} = \frac{3}{10}$$

55 ページの答え
❶ ア、イ、エ、カ ❷ ア、ウ、オ、キ ❸ イ、ウ、カ、キ ❹ ア、ウ、オ、カ、キ ❺ ア、エ、オ、カ ❻ イ、オ、カ、キ ❼ ア、エ、キ ❽ ア、エ、キ

いつも割り切れる数が、かんたんに見つけられるとはかぎりません。
そんなときに使える方法がこれです。

$$\frac{57}{76}$$

1 分母と分子をひき算して、ひき算した答えがどんな数で割り切れるかを考えます。
76 − 57 = 19　19を割り切れる数を考える。

> （分母）−（分子）⇒ 76 − 57 = 19
> 19を割り切れる数 ⇒ 1と19

2 **1**で求めた数（ここでは19）で約分してみます。57 ÷ 19 = 3　76 ÷ 19 = 4

> $$\frac{57}{76} = \frac{3}{4}$$

もう少しほかの約分も見ておきましょう。

$$\frac{119}{187}$$

1 分母と分子をひき算します。187 − 119 = 68　ひき算した答えが、大きくて、割り切れる数がわかりにくいので、分子とその答えをひき算します。119 − 68 = 51

> （分母）−（分子）⇒ 187 − 119 = 68
> 数がまだ大きい ⇒ 119 − 68 = 51
> これでもまだ大きい！

第2章 3秒暗算

2 この答えも、まだ大きいので今度は、68と51をひき算します。68 − 51 = 17　かなり、小さい数になったので約分してみます。119 ÷ 17 = 7　187 ÷ 17 = 11

$$68 - 51 = 17 \Rightarrow 約分してみる$$

$$\frac{119}{187} = \frac{7}{11}$$

注意しておきたい約分を最後にもうひとつ。

$$\frac{92}{207}$$

1 分母と分子をひき算します。207 − 92 = 115　まだ分子より大きいので、もう一度分子をひき算します。115 − 92 = 23

$$(分母) - (分子) \Rightarrow 207 - 92 = 115$$
$$数がまだ大きい \Rightarrow 115 - 92 = 23$$

2 23で約分してみます。92 ÷ 23 = 4　207 ÷ 23 = 9

$$\frac{92}{207} = \frac{4}{9}$$

暗算のトレーニング

3秒で解けるように、練習してみましょう。

① $\dfrac{28}{42}$ ② $\dfrac{60}{78}$

③ $\dfrac{36}{54}$ ④ $\dfrac{63}{84}$

⑤ $\dfrac{72}{96}$ ⑥ $\dfrac{168}{210}$

⑦ $\dfrac{39}{52}$ ⑧ $\dfrac{34}{85}$

⑨ $\dfrac{138}{253}$ ⑩ $\dfrac{87}{232}$

第2章 3秒暗算

答えは次のページ

ちょっと、ひと息

モンティ・ホール・ジレンマ ①

中の見えない3つの箱があり、1つの箱には賞金が入っていて、残りの箱には何も入っていません。A、B、Cの3つの箱からあなたはAの箱を選んだとします。そこで、どの箱に賞金が入っているのかを知っている司会者が空の箱であるBを開けて、あなたに見せました。そして、あなたにもう一度箱を選ぶように言いました。あなたは、またAを選ぶべきなのでしょうか、それともCに選びなおすべきなのでしょうか。

賞金の入っている箱が当たる確率の高い方は、どちらなのでしょうか。答えは、Cの箱に賞金が入っている確率の方が高いので「Cに選びなおすべき」なのです。

25から00へ！　わり算の隠し味教えます

7　25でわる暗算術

わり算に少し手をくわえることで、かんたんに暗算できてしまう場合があります。ここでは、そんな例をいくつか紹介していきます。まずは、**25**でわる暗算術です。

＜25でわるとき＞
わられる数とわる数をともに **4倍** して計算します。25 × 4 ＝ 100 より、4倍することで、100 をうまく利用します。

（例）1600 ÷ 25

$$1600 ÷ 25 = (1600 × 4) ÷ (25 × 4)$$
$$= 6400 ÷ 100$$
$$= 64$$

この考え方を使えば、わる数が 2.5 や 0.25 のときにでも、わり算がかんたんになるはずです。

（例）115 ÷ 2.5

$$115 ÷ 2.5 = (115 × 4) ÷ (2.5 × 4)$$
$$= 460 ÷ 10$$
$$= 46$$

（例）820 ÷ 0.25

$$820 ÷ 0.25 = (820 × 4) ÷ (0.25 × 4)$$
$$= 3280 ÷ 1$$
$$= 3280$$

59ページの答え
❶ $\frac{2}{3}$　❷ $\frac{10}{13}$　❸ $\frac{2}{3}$　❹ $\frac{3}{4}$　❺ $\frac{3}{4}$　❻ $\frac{4}{5}$　❼ $\frac{3}{4}$　❽ $\frac{2}{5}$　❾ $\frac{6}{11}$　❿ $\frac{3}{8}$

> 次は、125でわる暗算術を紹介していきます。

＜ 125 でわるとき＞
わられる数とわる数をともに 8倍 して計算します。125 × 8 ＝ 1000 より、8倍することで、1000 をうまく利用します。
（例）3500 ÷ 125

$$3500 ÷ 125 = (3500 × 8) ÷ (125 × 8)$$
$$= 28000 ÷ 1000$$
$$= 28$$

25のときと同じように、この考え方は、わる数が 12.5 や 1.25 のときにも使えます。
（例）500 ÷ 12.5

$$500 ÷ 12.5 = (500 × 8) ÷ (12.5 × 8)$$
$$= 4000 ÷ 100$$
$$= 40$$

（例）750 ÷ 1.25

$$750 ÷ 1.25 = (750 × 8) ÷ (1.25 × 8)$$
$$= 6000 ÷ 10$$
$$= 600$$

（例）3000 ÷ 0.125

$$3000 ÷ 0.125 = (3000 × 8) ÷ (0.125 × 8)$$
$$= 24000 ÷ 1$$
$$= 24000$$

第2章 3秒暗算

このほかにも、わられる数とわる数に同じ数をかけ算して、よりかんたんな計算にアレンジできる場合がありますので見ておきましょう。

(例) 516 ÷ 1.2

516 ÷ 1.2 = (516 × 5) ÷ (1.2 × 5)
　　　　　= 2580 ÷ 6
　　　　　= 430

(例) 512 ÷ 1.6

512 ÷ 1.6 = (512 × 5) ÷ (1.6 × 5)
　　　　　= 2560 ÷ 8
　　　　　= 320

(例) 1215 ÷ 15

1215 ÷ 15 = (1215 × 2) ÷ (15 × 2)
　　　　　 = 2430 ÷ 30
　　　　　 = 81

(例) 63 ÷ 4.5

63 ÷ 4.5 = (63 × 2) ÷ (4.5 × 2)
　　　　　= 126 ÷ 9
　　　　　= 14

暗算のトレーニング

3秒で解けるように、練習してみましょう。

① 2100 ÷ 25

② 7000 ÷ 125

③ 180 ÷ 2.5

④ 550 ÷ 12.5

⑤ 14 ÷ 0.25

⑥ 60 ÷ 1.25

⑦ 6200 ÷ 25

⑧ 120 ÷ 0.125

⑨ 810 ÷ 2.5

⑩ 4500 ÷ 125

⑪ 312 ÷ 1.2

⑫ 1065 ÷ 15

答えは次のページ

第2章 3秒暗算

ちょっと、ひと息

モンティ・ホール・ジレンマ ②

「賞金は2つの箱のどちらかに入っているのだから、確率は50%だ」と考えてしまいそうですが、これは正しくないのです。

たとえば、箱の数を増やして100箱の中の1つの箱だけに賞金を入れます。そして同じようにあなたはどれか1箱を選んだとします。ここで考えてみましょう。あなたが選んだ箱が当たる確率は？　そうです、1%ですよね。では、あなたの選ばなかった99箱のどれかに当たりが入っている確率は？　もちろん、99%だということになります。さあ、司会者がはずれの98箱を、開けて見せたあとに聞きました。「箱を選びなおしてもいいですが、どうしますか？」と。

もう、おわかりですね。箱を選びなおせば当たる確率は99%、そのままの箱ならば1%であることが。

答えの扉は右から左へ開くべし

8 11をかける暗算術 発展編

『11をかける暗算術』の発展編です。かける相手の数が3ケタ、4ケタと大きくなったときの計算を紹介していきます。**326 × 11** を使って説明してみましょう。

1 まず、11にかける相手の数である326の両端の数（ここでは3と6）を扉を開くように左右に広げて、間にスペースをイメージします。スペースのマスは、11にかける数のケタ数より1小さい個数だけあけます。ここでは、326が3ケタなのでスペースは 3 − 1 = 2（個）となります。

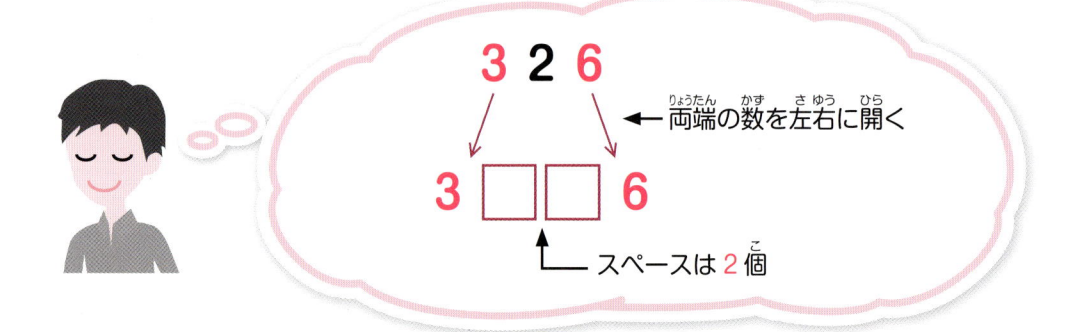

```
   3 2 6
   ↓   ↓     ← 両端の数を左右に開く
   3 □ □ 6
       ↑
       スペースは2個
```

2 かける相手の数である326の一の位と十の位の数をたし算して、右のスペースに入れます。6 + 2 = 8 次に、十の位と百の位の数をたし算して、左のスペースに入れます。2 + 3 = 5

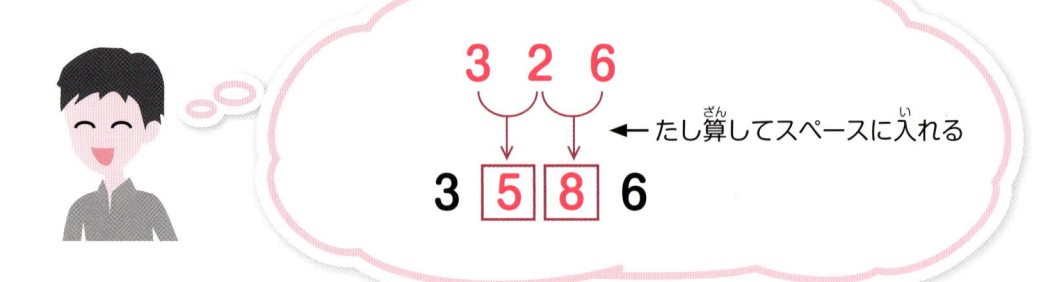

```
   3 2 6
    ⌣ ⌣       ← たし算してスペースに入れる
   3 5 8 6
```

3 これで、できあがり。答えは、3586 です。

63ページの答え
❶ 84 ❷ 56 ❸ 72 ❹ 44 ❺ 56 ❻ 48 ❼ 248 ❽ 960 ❾ 324 ❿ 36 ⓫ 260 ⓬ 71

次に、くり上がりがある場合を紹介します。
789 × 11 はどうなるでしょう。

1 789 の右端の数（ここでは 9）をそのまま下にならべてから、一の位と十の位の数をたし算します。9 + 8 = 17　たし算の答えの一の位の数（ここでは 7）をそのとなりにならべて、十の位の数である 1 はくり上げます。

```
  7 8 9
    ↓ ↓  ←右端の数をそのまま下に
    7 9
```

2 十の位と百の位の数をたし算します。8 + 7 = 15　この答えにさきほどのくり上げの 1 をたし算します。15 + 1 = 16　そして、でてきた答えの一の位の数 6 をよこにならべます。ここでも十の位の数である 1 はくり上げます。

```
  7 8 9
   ↓     ←たし算してくり上げの1をたす
  6 7 9
```

3 789 の左端の数（ここでは 7）に、**2** のくり上げの 1 をたし算してならべれば、できあがりです。7 + 1 = 8

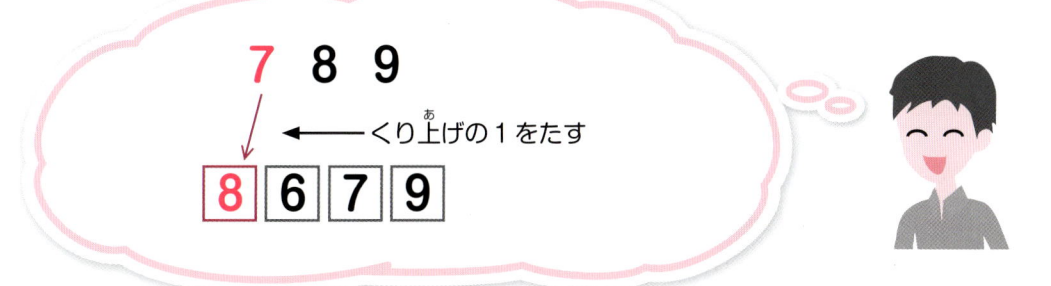

```
  7 8 9
  ↓       ←くり上げの1をたす
  8 6 7 9
```

4 答えは、8679 です。

11にかけ算する相手の数が4ケタの場合も、くり上げに注意しながら、同じようにとなりあう数をたし算していきます。3467×11の場合を見てみましょう。

1 3467の右端の数（ここでは7）をそのまま下にならべ、一の位と十の位の数をたし算して、答えの一の位をならべます。7＋6＝13

3 4 6 7
　　　3 7

2 十の位と百の位の数をたし算して、くり上げの1をたし算します。
6＋4＋1＝11　でてきた答えの一の位の数1をよこにならべます。

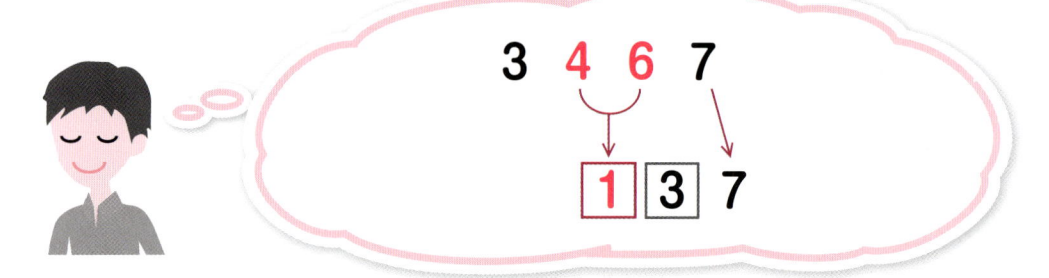

3 4 6 7
　1 3 7

3 百の位と千の位とくり上げの1をたし算します。4＋3＋1＝8

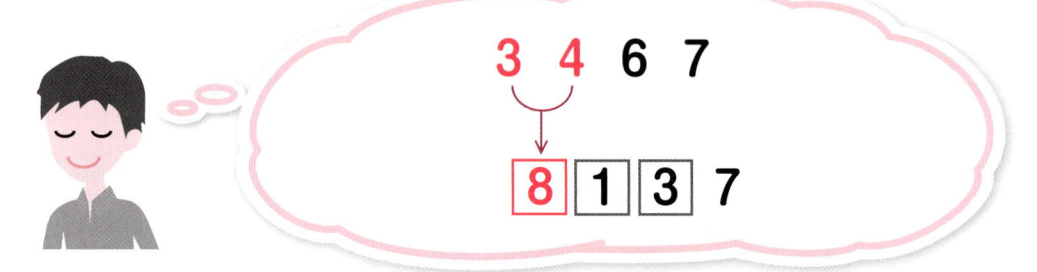

3 4 6 7
8 1 3 7

4 くり上げがないので、3467の左端の数をならべてできあがり。
答えは、38137です。

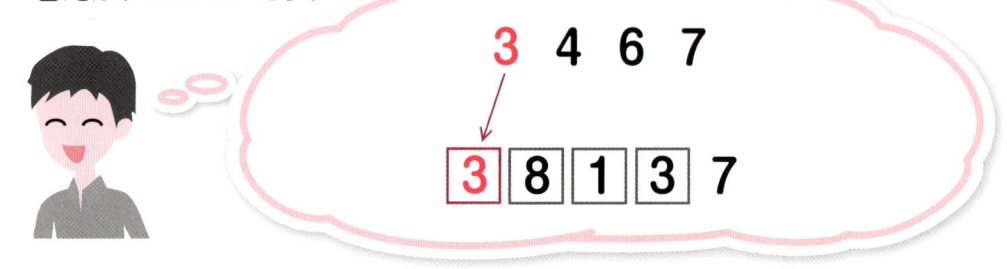

3 4 6 7
3 8 1 3 7

暗算のトレーニング

3秒で解けるように、練習してみましょう。

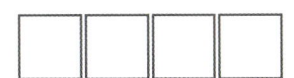

① 143 × 11

② 254 × 11

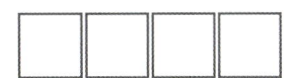

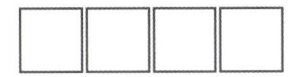

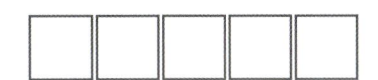

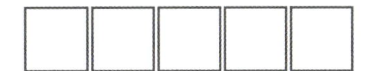

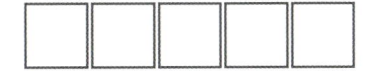

③ 568 × 11

④ 997 × 11

⑤ 5234 × 11

⑥ 1716 × 11

⑦ 4865 × 11

⑧ 6938 × 11

⑨ 365 × 11

⑩ 894 × 11

⑪ 2684 × 11

⑫ 8473 × 11

答えは次のページ

かけ算を、かんたんなひき算にかえてしまう暗算術

9 9をかける暗算術 発展編

『9をかける暗算術』の発展編として3ケタや4ケタの数と9のかけ算を、かんたんなひき算にかえてしまう暗算術を紹介します。はじめに、**137×9**で説明してみましょう。

1 3ケタの数の一の位の数（ここでは 7）の 10 に対する補数（たすと 10 になる数のこと。ここでは、7 に 3 をたすと 10 になるので、補数は 3）を求めてください。その数が、かけ算の答えの一の位になります。

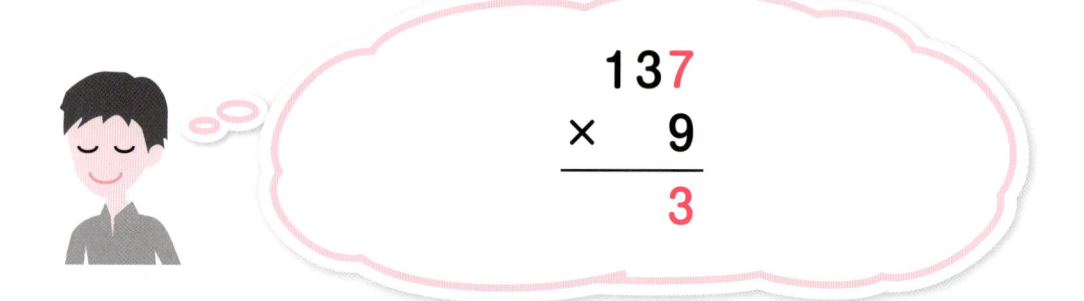

$$\begin{array}{r} 137 \\ \times\ \ \ 9 \\ \hline 3 \end{array}$$

2 3ケタの数から一の位の数をのぞいた数（ここでは 137 から一の位の数 7 をのぞくので 13）に 1 をたした数（ここでは、13 ＋ 1 ＝ 14 より 14）を、もとの 3ケタの数からひき算します。137 － 14 ＝ 123
これが、答えの上 3ケタになります。

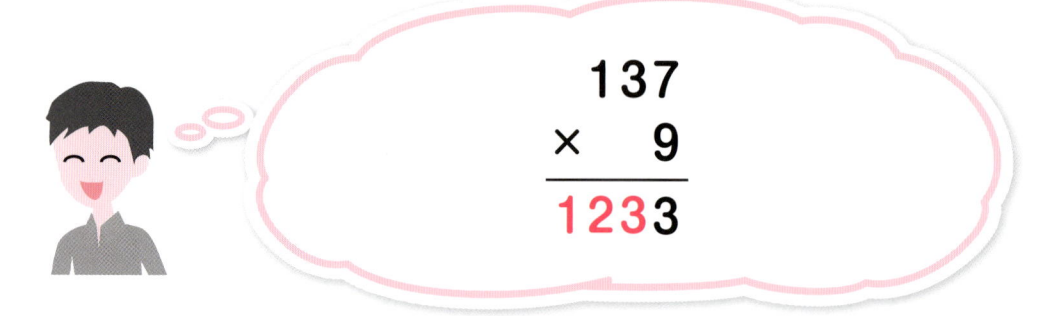

$$\begin{array}{r} 137 \\ \times\ \ \ 9 \\ \hline 1233 \end{array}$$

3 答えは、1233 です。

---
67 ページの答え
❶ 1573　❷ 2794　❸ 6248　❹ 10967　❺ 57574　❻ 18876　❼ 53515　❽ 76318　❾ 4015　❿ 9834　⓫ 29524　⓬ 93203

68

> 次は、**2356 × 9** を計算してみましょう。

1 4ケタの数の一の位の数（ここでは 6）の 10 に対する補数（6 に 4 をたすと 10 になるので、補数は 4）を求めると、その数がかけ算の答えの一の位になります。

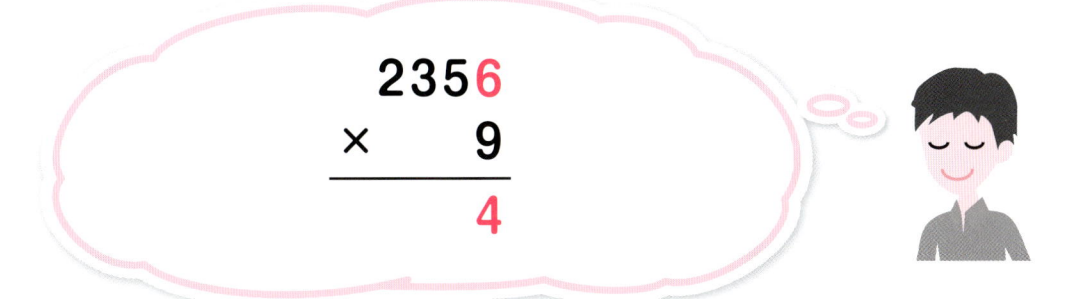

$$\begin{array}{r} 235\color{red}{6} \\ \times \quad 9 \\ \hline \color{red}{4} \end{array}$$

2 4ケタの数から一の位の数をのぞいた数（ここでは 2356 から一の位の数 6 をのぞくので 235）に 1 をたした数（ここでは、235 + 1 = 236 より 236）を、もとの4ケタの数からひき算します。2356 − 236 = 2120
これが、答えの上 4 ケタになります。

$$\begin{array}{r} 2356 \\ \times \quad 9 \\ \hline \color{red}{2120}4 \end{array}$$

3 答えは、21204 です。

このように、9 をかける相手の数のケタ数が大きくなっても計算の手順は同じで、
　（ア）9 をかける相手の数の一の位の数の 10 に対する補数を答えの一の位にする
　（イ）9 をかける相手の数から一の位の数をのぞいた数に 1 をたした数を、もとの
　　　 9 をかける相手の数からひき算して、（ア）で求めた答えの左にならべる
のようになります。

暗算術のしくみ

137 × 9 で暗算のしくみを見ていきましょう。

$$
\begin{aligned}
137 \times 9 &= 137 \times (10 - 1) \\
&= 1370 - 137 \\
&= 1370 - (140 - 3) \quad \leftarrow \text{一の位の数 7 の補数 3 の登場} \\
&= 1370 - 140 + 3 \\
&= 10 \times (137 - 14) + 3 \quad \leftarrow 137 - 14 \text{ の登場} \\
&= 10 \times 123 + 3 \quad \leftarrow \text{答えの上 3 ケタ 123 の登場} \\
&= 1233
\end{aligned}
$$

文字式を使って説明すると次のようになります。
3ケタの数の百の位の数を a、十の位の数を b、一の位の数を c とおくと、3ケタの数は 100a + 10b + c と表せます。この数に 9 をかけると、

$$
\begin{aligned}
&(100a + 10b + c) \times 9 \\
&= (100a + 10b + c) \times (10 - 1) \\
&= 10(100a + 10b + c) - (100a + 10b + c) \\
&= 10(100a + 10b + c) - \{10(10a + b + 1) - (10 - c)\} \\
&\qquad\qquad \text{一の位の数 c の補数 } 10 - c \text{ の登場} \\
&= 10(100a + 10b + c) - 10(10a + b + 1) + (10 - c) \\
&= 10\{(100a + 10b + c) - (10a + b + 1)\} + (10 - c)
\end{aligned}
$$

3ケタの数 100a + 10b + c から、3ケタの数から一の位の数をのぞいた数 10a + b に 1 をたした数 10a + b + 1 をひき算していることがわかります。さらに 10 倍しているので、これが上3ケタの数を表します。10 − c は下1ケタの数になっています。

暗算のトレーニング

3秒で解けるように、練習してみましょう。

① 267 × 9

② 358 × 9

③ 447 × 9

④ 536 × 9

⑤ 625 × 9

⑥ 742 × 9

⑦ 4689 × 9

⑧ 5679 × 9

⑨ 6257 × 9

⑩ 3398 × 9

⑪ 1352 × 9

⑫ 7788 × 9

第2章 3秒暗算

答えは次のページ

10 通分の暗算術

何をかけるか、それが問題だ

分母の異なる分数のたし算・ひき算をおこなうには、通分をして分母をそろえなければなりません。通分では、分母と分子に同じ数をかけますが、どんな数をかけ算すればよいのでしょうか。いくつかのパターンで暗算のコツを紹介していきます。はじめに、基本的な通分です。

$$\frac{1}{3} - \frac{1}{5}$$

1 おたがいに相手の分母をかけ算して、通分します。分母は同じ数になるので、ひとつにまとめます。

$$\frac{1 \times 5 - 1 \times 3}{3 \times 5}$$

2 分子を計算します。$1 \times 5 - 1 \times 3 = 2$

$$\frac{2}{3 \times 5}$$

3 約分ができないので、分母を計算して答えを求めます。答えは、$\frac{2}{15}$ です。

$$\frac{2}{15}$$

71ページの答え
❶ 2403　❷ 3222　❸ 4023　❹ 4824　❺ 5625　❻ 6678　❼ 42201　❽ 51111　❾ 56313　❿ 30582　⓫ 12168　⓬ 70092

次は、約分が必要な場合です。

$$\frac{1}{6} - \frac{1}{8}$$

① おたがいに相手の分母をかけ算して、通分します。

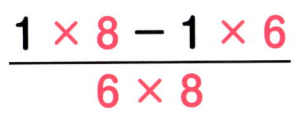

$$\frac{1 \times 8 - 1 \times 6}{6 \times 8}$$

② 分子を計算します。 $1 \times 8 - 1 \times 6 = 2$

$$\frac{2}{6 \times 8}$$

③ 約分ができるので、分母と分子を 2 でわり算します。 $2 \div 2 = 1$　$6 \div 2 = 3$

$$\frac{1}{3 \times 8}$$

④ 分母を計算して答えを求めます。答えは、$\frac{1}{24}$ です。

$$\frac{1}{24}$$

最後に、分子が大きい数なので、すぐに相手の分母をかけ算して、通分するのではなく、少し工夫をした方がよい場合です。

$$\frac{11}{12} - \frac{9}{20}$$

1　『約分の暗算術』を利用して、分母である 12 と 20 をともに割り切れる、できるだけ大きい数を見つけます（ここでは 4）。そして、その数を使って、分母をかけ算のかたちになおします。12 = 4 × 3　20 = 4 × 5

$$\frac{11}{4 \times 3} - \frac{9}{4 \times 5}$$

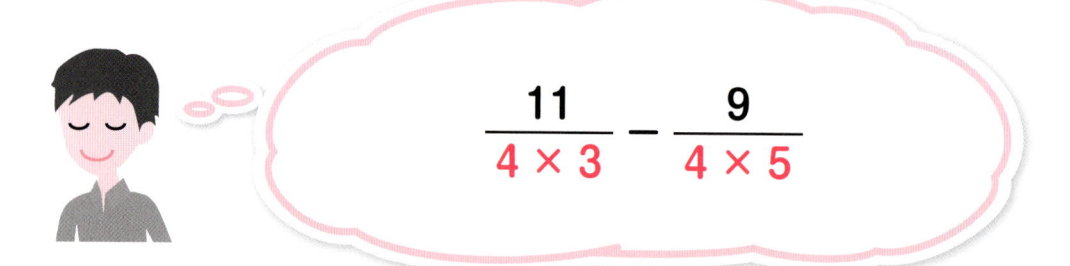

2　おたがいの分母にない数をかけ算して通分し、分子を計算します（左の分数は 5 を、右の分数は 3 をかけ算して通分します）。11 × 5 − 9 × 3 = 28

$$\frac{11 \times 5 - 9 \times 3}{4 \times 3 \times 5} = \frac{28}{4 \times 3 \times 5}$$

3　分母と分子を 4 で約分します。28 ÷ 4 = 7　4 × 3 × 5 ÷ 4 = 15
答えは、$\frac{7}{15}$ です。

$$\frac{7}{15}$$

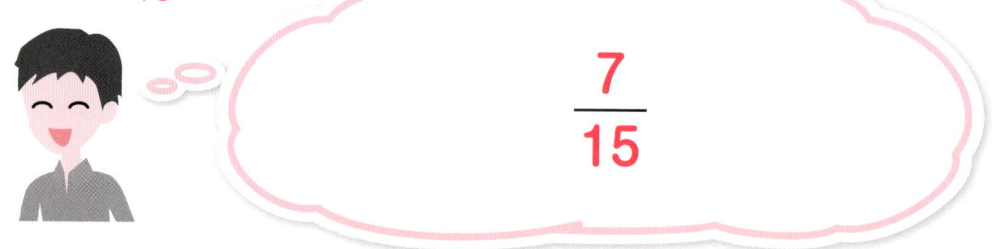

＊暗算ではなく、書いて計算する場合は、分母を通分して最小公倍数にする上記の方法が有効です。

暗算のトレーニング

3秒で解けるように、練習してみましょう。

① $\dfrac{1}{2} - \dfrac{1}{3}$

② $\dfrac{2}{5} + \dfrac{2}{7}$

③ $\dfrac{1}{4} - \dfrac{1}{6}$

④ $\dfrac{1}{3} + \dfrac{2}{9}$

⑤ $\dfrac{5}{6} - \dfrac{4}{9}$

⑥ $\dfrac{5}{6} - \dfrac{3}{8}$

⑦ $\dfrac{1}{10} - \dfrac{1}{12}$

⑧ $\dfrac{1}{12} + \dfrac{2}{15}$

⑨ $\dfrac{3}{10} + \dfrac{8}{15}$

⑩ $\dfrac{3}{14} - \dfrac{1}{18}$

⑪ $\dfrac{2}{15} - \dfrac{1}{20}$

⑫ $\dfrac{5}{22} - \dfrac{3}{26}$

第2章 3秒暗算

答えは次のページ

どんどん広がる2ケタ九九

11 21から29までの九九の暗算術

21から29までの2ケタの数どうしをかけ算するときに使える暗算術です。**23×26**を例に説明していきます。

1 どちらかの数ともう一方の数の一の位の数をたし算します。23 + 6 = 29（26 + 3 = 29でもかまいません）その答えを2倍します。29 × 2 = 58

```
    2 3
×   2 6
─────────
    5 8
```

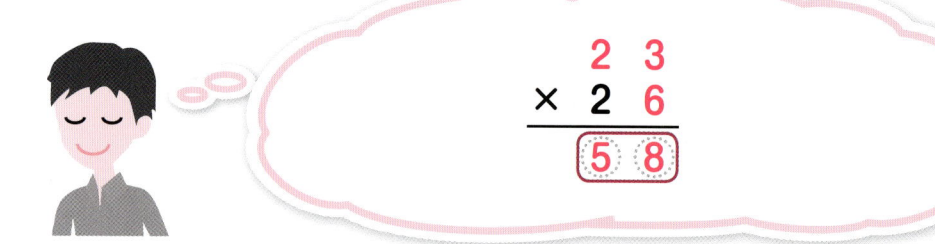

2 一の位の数どうしをかけ算して、図のようにずらしたスペースに右ヅメにしてならべます。3 × 6 = 18

```
    2 3
×   2 6
─────────
    5 8
      1 8
```

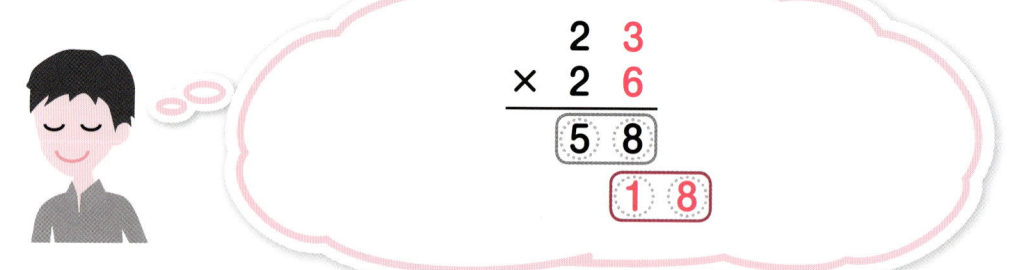

3 2つのスペースの数を上下にたし算すればできあがりです。答えは、598です。

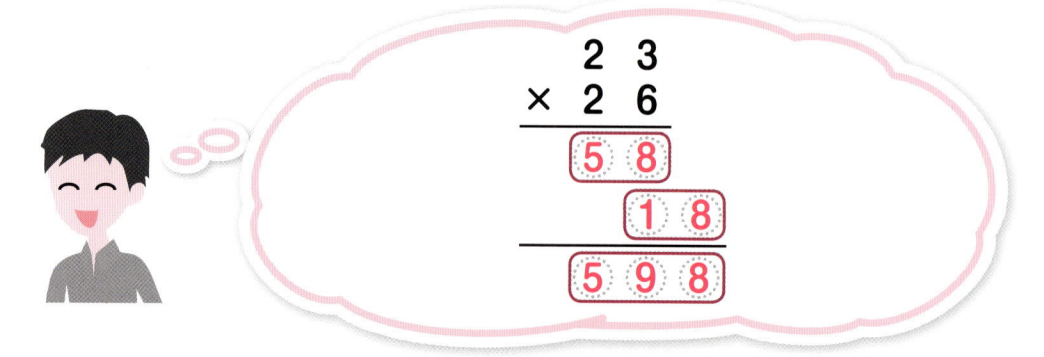

```
    2 3
×   2 6
─────────
    5 8
      1 8
─────────
    5 9 8
```

75ページの答え
❶ $\frac{1}{6}$　❷ $\frac{24}{35}$　❸ $\frac{1}{12}$　❹ $\frac{5}{9}$　❺ $\frac{7}{18}$　❻ $\frac{11}{24}$　❼ $\frac{1}{60}$　❽ $\frac{13}{60}$　❾ $\frac{5}{6}$　❿ $\frac{10}{63}$　⓫ $\frac{1}{12}$　⓬ $\frac{16}{143}$

『11から19までの九九の暗算術』と同じく、かけ算する数を2.1や0.25のような小数や280のような数にしても使うことができます。
たとえば、**2.1 × 27** であれば、

1 2.1 × 27 = 21 × 27 ÷ 10 なので、21 × 27 の答えを求めてから、10でわり算すればよいことになります。まずは、暗算術を使います。21 + 7 = 28
28 × 2 = 56

```
    2 1
 ×  2 7
    5 6
```

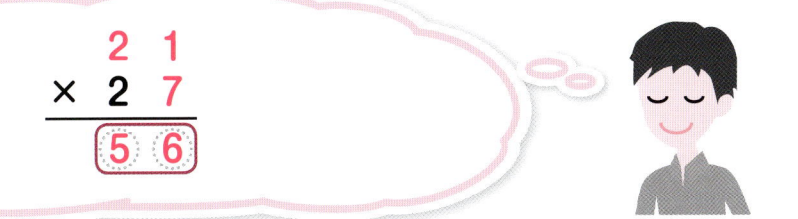

2 一の位の数どうしをかけ算して、ずらしたスペースに右ヅメにしてならべます。
1 × 7 = 7

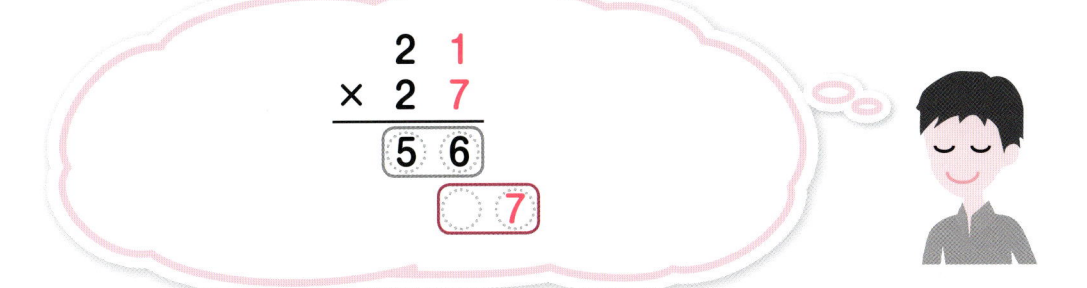

```
    2 1
 ×  2 7
    5 6
      7
```

3 2つのスペースの数を上下にたし算します。567

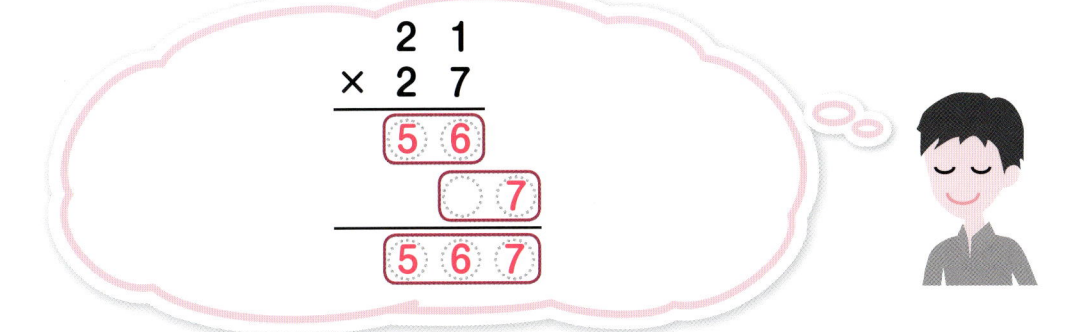

```
    2 1
 ×  2 7
    5 6
      7
    5 6 7
```

4 ❸で求めた数を10でわり算します。567 ÷ 10 = 56.7
答えは、56.7 です。

567 ÷ 10 = 56.7

第2章 3秒暗算

77

暗算術のしくみ

23 × 26 で暗算のしくみを見ていきましょう。

> 23 × 26 = (20 + 3) × (20 + 6)
> = 20 × 20 + 20 × 6 + 20 × 3 + 3 × 6
> = 20 × (20 + 3 + 6) + 3 × 6
> = 10 × 2 × (23 + 6) + 3 × 6
>
> これより、一方の数ともう一方の数の一の位の数をたし算して2倍し「2 × (23 + 6)」、位をひとつずらし「10 × 2 × (23 + 6)」、2つの数の一の位の数どうしをかけて「3 × 6」、たし算すればよいことがわかります。
>
> = 598

文字式を使って説明すると次のようになります。

一方の2ケタの数の一の位の数を a、もう一方の一の位の数を b とおくと、2ケタの数は 20 + a、20 + b と表せます。

この2つの数をかけ算すると、

> (20 + a) × (20 + b)
> = 20 × 20 + 20 × b + 20 × a + a × b
> = 20 {(20 + a) + b} + a × b
> = 10 × 2 × {(20 + a) + b} + a × b
>
> これより、一方の数ともう一方の数の一の位の数をたし算して2倍し「2 × {(20 + a) + b}」、それを 10倍 することによって位をずらし、2つの数の一の位の数どうしをかけて「a × b」、たし算すればよいことがわかります。

暗算のトレーニング

3秒で解けるように、練習してみましょう。

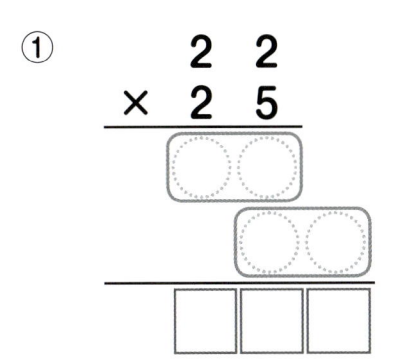

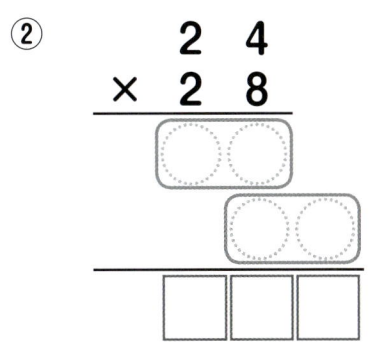

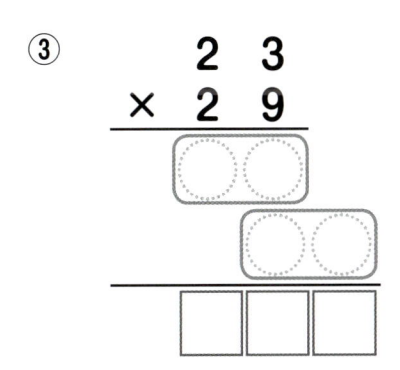

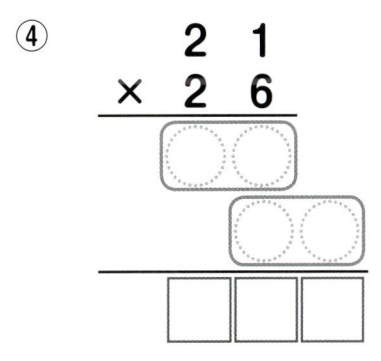

① 22 × 25

② 24 × 28

③ 23 × 29

④ 21 × 26

⑤ 27 × 26

⑥ 22 × 22

⑦ 2.4 × 24

⑧ 2.8 × 23

⑨ 0.26 × 29

⑩ 0.25 × 21

答えは次のページ

3ケタのかけ算がスラスラ解ける

12 一の位の和が10になる数をかける暗算術 発展編

> **127 × 123** のように一の位の数をたすと 10 になり（ここでは 7 + 3 = 10）、そのほかの位の数が等しくなっている（ここでは 12）、3ケタの数どうしのかけ算の答えを一瞬で求めることができる暗算術です。

1 127 と 123 のかけ算を筆算するときのようにたてにならべて、下に 2 つのスペースをイメージします。

```
   1 2 7
 × 1 2 3
 ─────────
 ( ○ ○ ○ )( ○ ○ )
```

2 （百と十の位の数）×（百と十の位の数より 1 大きい数）を『11 から 19 までの九九の暗算術』を使って計算し、答えを、左下のスペースに右ヅメにしてならべます。12 × 13 = 156

```
   1 2 7
 × 1 2 3
 ─────────
 ( 1 5 6 )( ○ ○ )
```

3 つづいて、一の位の数どうしをかけ算した答えを、右下のスペースに右ヅメにしてならべます。7 × 3 = 21　答えは、15621 です。

```
   1 2 7
 × 1 2 3
 ─────────
 ( 1 5 6 )( 2 1 )
```

79 ページの答え
❶ 550　❷ 672　❸ 667　❹ 546　❺ 702　❻ 484　❼ 57.6　❽ 64.4　❾ 7.54　❿ 5.25

145 × 145、265 × 265 を表す145²、265² や、234 × 236、221 × 229 なども一の位の数をたすと 10 になり、百と十の位の数が等しくなっているので、この暗算術を使うことができます。

234 × 236 の場合、

1 234 × 236 を筆算するときのようにたてにならべて、下に 2 つのスペースをイメージします。

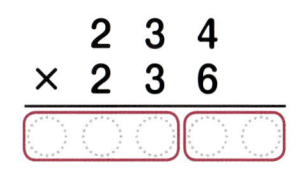

```
  2 3 4
× 2 3 6
─────────
(○○○)(○○)
```

2 （百と十の位の数）×（百と十の位の数より 1 大きい数）を『21 から 29 までの九九の暗算術』を使って計算し、答えを、左下のスペースに右ヅメにしてならべます。23 × 24 = 552

```
  2 3 4
× 2 3 6
─────────
(5 5 2)(○○)
```

3 つづいて、一の位の数どうしをかけ算した答えを、右下のスペースに右ヅメにしてならべます。4 × 6 = 24　答えは、55224 です。

```
  2 3 4
× 2 3 6
─────────
(5 5 2)(2 4)
```

＊第 4 章の「2 ケタ暗算」を利用すると、さらに多くのパターンが暗算できるようになります。

第 2 章　3 秒暗算

81

暗算術のしくみ

127 × 123 で暗算のしくみを見ていきましょう。

$$\begin{aligned}
127 \times 123 &= (120+7) \times (120+3) \\
&= 120 \times 120 + 120 \times 3 + 120 \times 7 + 7 \times 3 \\
&= 120 \times (120 + 3 + 7) + 7 \times 3 \quad \leftarrow \text{一の位の数どうしのかけ算} \\
&= 120 \times 130 + 7 \times 3 \\
&= 12 \times 13 \times 100 + 7 \times 3 \\
&\qquad \uparrow \text{(百と十の位の数)} \times \text{(百と十の位の数より1大きい数)} \\
&= 156 \times 100 + 21 \quad \leftarrow \text{答えの上3ケタ 156、下2ケタ 21 の登場} \\
&= 15621
\end{aligned}$$

文字式を使って説明すると次のようになります。

一方の3ケタの数の百の位の数を a、十の位の数を b、一の位の数を c、他方の3ケタの数の百の位の数を a、十の位の数を b、一の位の数を d とおくと、3ケタの数は 100a + 10b + c、100a + 10b + d と表せます（一の位の数どうしをたし算すると 10 なので、c + d = 10）。この2つの数をかけ算すると、

$$\begin{aligned}
&\quad (100a + 10b + c) \times (100a + 10b + d) \\
&= (100a + 10b)^2 + d(100a + 10b) + c(100a + 10b) + c \times d \\
&= (100a + 10b)^2 + (c + d)(100a + 10b) + c \times d \\
&= (100a + 10b)^2 + 10(100a + 10b) + c \times d \quad \leftarrow \text{c + d に 10 を代入} \\
&= (100a + 10b)(100a + 10b + 10) + c \times d \\
&= (10a + b)(10a + b + 1) \times 100 + c \times d
\end{aligned}$$

$(10a + b)(10a + b + 1) \times 100$ は、（百と十の位の数）×（百と十の位の数より1大きい数）が上3ケタの数であることを表し、$c \times d$ が下2ケタの数を表しています。

暗算のトレーニング

3秒で解けるように、練習してみましょう。

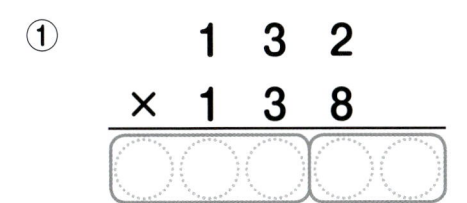

① 132 × 138

② 145 × 145

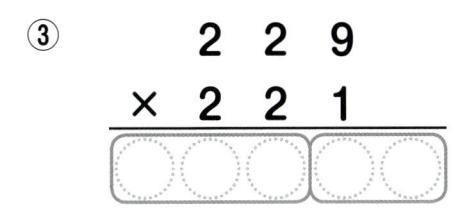

③ 229 × 221

④ 253 × 257

⑤ 116 × 114

⑥ 151 × 159

⑦ 165 × 165

⑧ 173 × 177

⑨ 248 × 242

⑩ 215 × 215

⑪ 266 × 264

⑫ 271 × 279

第2章 3秒暗算

答えは次のページ

第3章 5秒暗算

わり算は、すぐにわらずに、みぎひだり

1 わり算の暗算術

答えがすぐにわかってしまうような場合はよいのですが、少しやりにくそうなわり算をするときには、ひと呼吸おいて、これから紹介するような暗算術が使えないか考えてみてください。はじめに、**<分割わり算>**です。このわり算は、わる数を小さく分割することで計算をかんたんにする暗算術です。**960÷64**を例に、見ていきましょう。

わる数64が8×8であることと、わられる数960が8で割り切れることを利用します。

$$960 ÷ 64 = 960 ÷ 8 ÷ 8 \quad \leftarrow 64 = 8 \times 8 と考える$$
$$= 120 ÷ 8 \quad \leftarrow 960 ÷ 8 を計算する$$
$$= 15 \quad \leftarrow 120 ÷ 8 を計算する$$

答えは、15です。

＊上の計算で、120÷8＝120÷4÷2＝30÷2＝15としてもいいですね。

864 ÷ 48 の場合、

わる数48が8×6であることと、わられる数864が8で割り切れることを利用します。

$$864 ÷ 48 = 864 ÷ 8 ÷ 6 \quad \leftarrow 48 = 8 \times 6 と考える$$
$$= 108 ÷ 6 \quad \leftarrow 864 ÷ 8 を計算する$$
$$= 18 \quad \leftarrow 108 ÷ 6 を計算する$$

答えは、18です。

83ページの答え
❶ 18216　❷ 21025　❸ 50609　❹ 65021　❺ 13224　❻ 24009　❼ 27225　❽ 30621　❾ 60016　❿ 46225　⓫ 70224　⓬ 75609

次は、**＜ハンバーガーわり算＞**です。このわり算は、ハンバーガーの肉がパンとパンの間にはさまれるように、わられる数とわる数の間に、**ある性質を持つ数**をはさみこむように入れて、計算する暗算術です。
720 ÷ 45 を例に、見ていきましょう。

わられる数 720 の約数（720 を割り切れる数）であり、わる数 45 の倍数（45 を何倍かした数）にもなっている数を見つけます。この数が「**ある性質を持つ数**」です。この数はひとつとはかぎりませんが、ここでは、90 を使ってみましょう。

$$720 ÷ 45 = 720 ÷ 90 × 90 ÷ 45$$

90 でわって 90 をかけている

$$= 8 × 2 \quad\leftarrow\quad 720 ÷ 90 = 8$$
$$ 90 ÷ 45 = 2$$
$$= 16$$

答えは、16 です。

1800 ÷ 75 の場合、

わられる数 1800 の約数（1800 を割り切れる数）であり、わる数 75 の倍数（75 を何倍かした数）にもなっている数を見つけます。この数が「**ある性質を持つ数**」です。ここでは、150 を使ってみましょう。

$$1800 ÷ 75 = 1800 ÷ 150 × 150 ÷ 75$$

150 でわって 150 をかけている

$$= 12 × 2 \quad\leftarrow\quad 1800 ÷ 150 = 12$$
$$ 150 ÷ 75 = 2$$
$$= 24$$

答えは、24 です。

第 3 章　5 秒暗算

最後に、小数をふくんだ場合です。わられる数とわる数の両方を10倍、100倍などしてから、暗算術を使います。94.5 ÷ 6.3 の場合、

わられる数とわる数を10倍して、＜分割わり算＞を使います。

94.5 ÷ 6.3 = 945 ÷ 63　← 94.5 × 10 と 6.3 × 10 を計算する
　　　　　 = 945 ÷ 9 ÷ 7　← 63 = 9 × 7 と考える
　　　　　 = 105 ÷ 7　← 945 ÷ 9 を計算する
　　　　　 = 15　← 105 ÷ 7 を計算する

答えは、15 です。

5.6 ÷ 0.16 の場合、

わられる数とわる数を100倍して、＜ハンバーガーわり算＞を使います。わられる数560の約数（560を割り切れる数）であり、わる数16の倍数（16を何倍かした数）にもなっている数を見つけます。この数が「**ある性質を持つ数**」です。ここでは、80を使ってみましょう。

5.6 ÷ 0.16 = 560 ÷ 16　← 5.6 × 100 と 0.16 × 100 を計算する
　　　　　 = 560 ÷ 80 × 80 ÷ 16　← 80でわって80をかけている
　　　　　 = 7 × 5　← 560 ÷ 80 = 7　80 ÷ 16 = 5
　　　　　 = 35

答えは、35 です。

暗算のトレーニング

5秒で解けるように、練習してみましょう。

① 828 ÷ 36

② 918 ÷ 27

③ 1680 ÷ 56

④ 1080 ÷ 24

⑤ 3900 ÷ 65

⑥ 1700 ÷ 85

⑦ 1400 ÷ 35

⑧ 2700 ÷ 45

⑨ 756 ÷ 42

⑩ 672 ÷ 28

⑪ 900 ÷ 75

⑫ 4400 ÷ 55

⑬ 165.6 ÷ 7.2

⑭ 12.48 ÷ 0.48

⑮ 570 ÷ 9.5

⑯ 27 ÷ 0.18

⑰ 18.63 ÷ 0.81

⑱ 91.8 ÷ 5.4

⑲ 35 ÷ 0.14

⑳ 5.8 ÷ 0.145

㉑ 784 ÷ 49

㉒ 1400 ÷ 56

第3章 5秒暗算

答えは次のページ

隠れた8をさがせ

2 125をかける暗算術

> 96 × 25 の答えが、すぐに頭に浮かびますか？ ここでは、25 や 125 などをかけ算するときに使える暗算術を紹介していきます。

＜25をかけるとき＞
25にかけ算する相手の数を □ × 4 のかたちにして、25 × 4 = 100 を利用します。
（例）96 × 25

$$96 \times 25 = (24 \times 4) \times 25$$
$$= 24 \times (4 \times 25)$$
$$= 24 \times 100$$
$$= 2400$$

かける数が 2.5 や 0.25 のときには、この 25 をかける暗算術で答えを求めてから 10 でわり算したり、100 でわり算をします。
（例）72 × 2.5

$$72 \times 2.5 = 72 \times 25 \div 10$$
$$= (18 \times 4) \times 25 \div 10$$
$$= 18 \times (4 \times 25) \div 10$$
$$= 18 \times 100 \div 10$$
$$= 1800 \div 10$$
$$= 180$$

87ページの答え
❶ 23 ❷ 34 ❸ 30 ❹ 45 ❺ 60 ❻ 20 ❼ 40 ❽ 60 ❾ 18 ❿ 24 ⓫ 12 ⓬ 80 ⓭ 23 ⓮ 26 ⓯ 60 ⓰ 150 ⓱ 23 ⓲ 17 ⓳ 250 ⓴ 40 ㉑ 16 ㉒ 25

次は、**125**をかける暗算術を紹介していきます。

<125をかけるとき>

125にかけ算する相手の数を □ × 8 のかたちにして、125 × 8 = 1000 を利用します。

(例) 640 × 125

$$\begin{align} 640 \times 125 &= (80 \times 8) \times 125 \\ &= 80 \times (8 \times 125) \\ &= 80 \times 1000 \\ &= 80000 \end{align}$$

25のときと同じように、この考え方は、12.5や1.25をかけるときにも使えます。

(例) 560 × 12.5

$$\begin{align} 560 \times 12.5 &= 560 \times 125 \div 10 \\ &= (70 \times 8) \times 125 \div 10 \\ &= 70 \times (8 \times 125) \div 10 \\ &= 70 \times 1000 \div 10 \\ &= 70000 \div 10 \\ &= 7000 \end{align}$$

(例) 320 × 1.25

$$\begin{align} 320 \times 1.25 &= 320 \times 125 \div 100 \\ &= (40 \times 8) \times 125 \div 100 \\ &= 40 \times (8 \times 125) \div 100 \\ &= 40 \times 1000 \div 100 \\ &= 40000 \div 100 \\ &= 400 \end{align}$$

第3章　5秒暗算

最後に、**75**をかける暗算術を紹介していきます。

＜75をかけるとき＞

75にかけ算する相手の数を □×4 のかたちに、75を 25×3 のかたちにして、25×4＝100 を利用します。

（例）404×75

$$404 \times 75 = (101 \times 4) \times (25 \times 3)$$
$$= (101 \times 3) \times (25 \times 4)$$
$$= 303 \times 100$$
$$= 30300$$

7.5 や 0.75 などの小数をかける場合も見ておきましょう。

（例）248×7.5

$$248 \times 7.5 = 248 \times 75 \div 10$$
$$= (62 \times 4) \times (25 \times 3) \div 10$$
$$= (62 \times 3) \times (25 \times 4) \div 10$$
$$= 186 \times 100 \div 10$$
$$= 18600 \div 10$$
$$= 1860$$

（例）164×0.75

$$164 \times 0.75 = 164 \times 75 \div 100$$
$$= (41 \times 4) \times (25 \times 3) \div 100$$
$$= (41 \times 3) \times (25 \times 4) \div 100$$
$$= 123 \times 100 \div 100$$
$$= 123$$

暗算のトレーニング

5秒で解けるように、練習してみましょう。

① 84 × 25

② 240 × 25

③ 68 × 25

④ 488 × 25

⑤ 88 × 125

⑥ 168 × 125

⑦ 352 × 125

⑧ 720 × 125

⑨ 520 × 75

⑩ 920 × 75

⑪ 412 × 2.5

⑫ 1120 × 1.25

⑬ 736 × 12.5

⑭ 364 × 7.5

答えは次のページ

第3章 5秒暗算

ちょっと、ひと息

井戸のカタツムリ

深さ10mの井戸の底に一匹のカタツムリがいました。このカタツムリは、昼の間に井戸を3m登りますが、夜の間に2mすべり落ちてしまいます。このカタツムリが地上にでられるのは登り始めて何日目なのでしょうか。
「3m登って2m落ちるのだから、1日に1mずつ登ることになる。だから、10m登るのには10日かかる」ですって？　いえいえ、よく考えてくださいね。カタツムリは、1日目に一度は3mのところまで登っているのでしたよね。2日目には、4mのところまで、3日目には5mのところまで……。ということは、8日目には10mのところ、つまり、地上にでられるのです。ということで、答えは8日目となります。

ゾロ目は計算を加速する

3 ゾロ目をかける暗算術

> 33、55、77のように同じ数字が連続している、いわゆるゾロ目とよばれる2ケタの数をかけるときに使える暗算術を紹介していきます。ゾロ目の数というのは、33 = 3 × 11であり、55 = 5 × 11であるように、11の倍数になっています。そこで、『11をかける暗算術』を利用して計算していくことができるのです。最初に、**12 × 44**を使って説明してみましょう。

1 まず、ゾロ目の数を □ × 11 のかたちにして、『11をかける暗算術』が使えるようにします。

$$12 × 44 = 12 × (4 × 11)$$
$$= (12 × 4) × 11$$
$$= 48 × 11$$

2 11にかける相手の数である48を扉を開くように左右に広げて、間にスペースをイメージします。スペースのマスは、11にかける数のケタ数より1小さい個数だけあけます。ここでは、48が2ケタなのでスペースは 2 − 1 = 1（個）となります。

4 □ 8

3 次に、4と8をたし算します。4 + 8 = 12 くり上げをして計算します。

```
4 2 8
1
5 2 8
```

4 答えは、**528** です。

91ページの答え
❶ 2100　❷ 6000　❸ 1700　❹ 12200　❺ 11000　❻ 21000　❼ 44000　❽ 90000　❾ 39000　❿ 69000　⓫ 1030　⓬ 1400　⓭ 9200　⓮ 2730

次は、**68 × 77** です。

1 まず、ゾロ目の数を □ × 11 のかたちにします。

$$68 × 77 = 68 × (7 × 11)$$
$$= (68 × 7) × 11 \;*$$
$$= 476 × 11$$

* 68 × 7 を計算するところでは、『2ケタと1ケタの数をかける暗算術』を利用してみましょう。

1. 2ケタの数の十の位の数（ここでは 6）と1ケタの数（ここでは 7）をかけ算します。

6 × 7 = 42

```
    6 8
  ×   7
  ─────
    4 2
```

2. 2ケタの数の一の位の数（ここでは 8）と1ケタの数（ここでは 7）をかけ算して、図のようにずらしたスペースに右ヅメにしてならべて、上下にたし算します。

7 × 8 = 56

```
    6 8
  ×   7
  ─────
    4 2
      5 6
  ─────
    4 7 6
```

3. 以上より、68 × 7 = 476

② 11にかける相手の数である476の右端の数（ここでは6）をそのまま下にならべてから、一の位と十の位の数をたし算します。6 + 7 = 13　たし算の答えの一の位の数（ここでは3）をそのとなりにならべて、十の位の数である1はくり上げます。

　　　　　4 7 6
たし算した答えの　　　　　→　　←右端の数を
一の位を下に　　　　　3 6　　そのまま下に

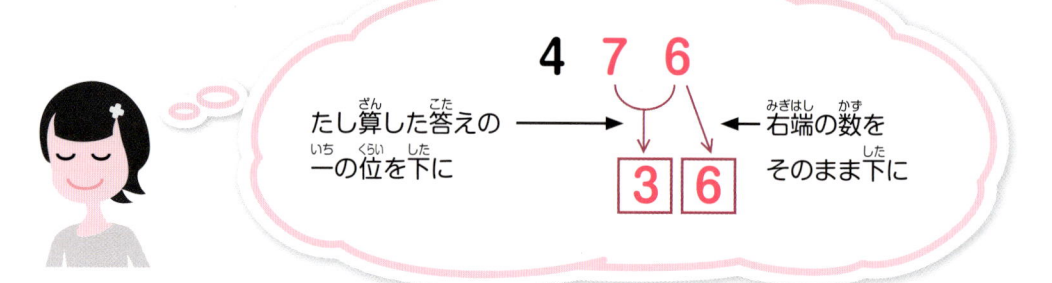

③ 十の位と百の位の数をたし算します。7 + 4 = 11　この答えにさきほどのくり上げの1をたし算します。11 + 1 = 12　そして、でてきた答えの一の位の数2をよこにならべます。ここでも十の位の数である1はくり上げます。

　　　　　4 7 6
　　　　　　　　たし算して
　　　　2 3 6　←くり上げの
　　　　　　　　1をたす

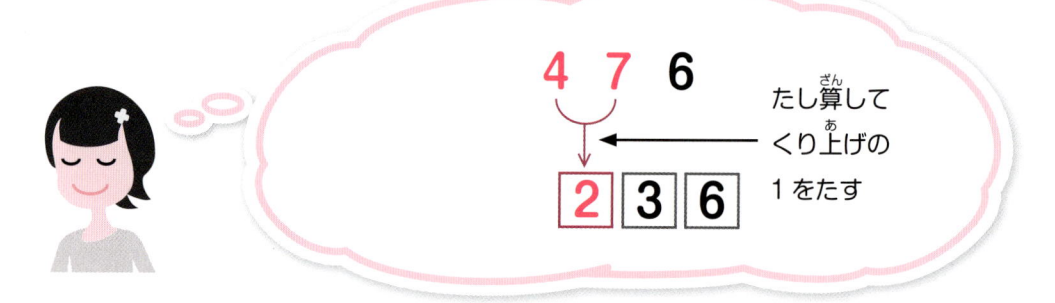

④ 476の左端の数（ここでは4）に、③のくり上げの1をたし算してならべれば、できあがりです。4 + 1 = 5

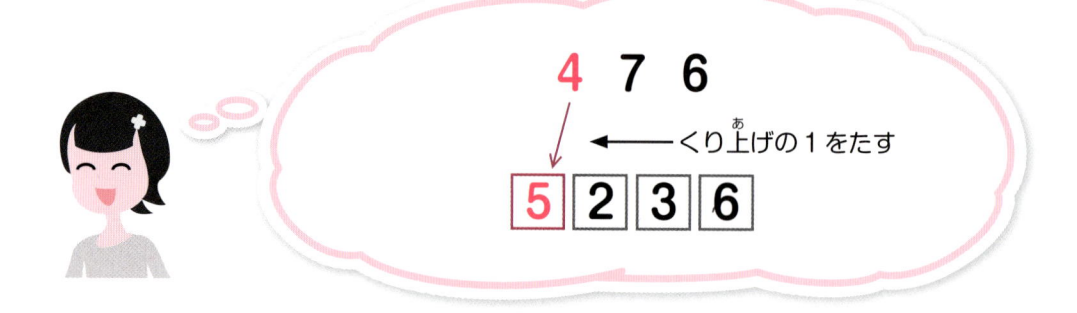

　　　　　4 7 6
　　　　　↓
　　　　5 2 3 6　←くり上げの1をたす

⑤ 答えは、5236です。

暗算のトレーニング

5秒で解けるように、練習してみましょう。

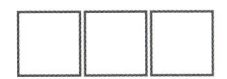

① 36 × 22
□□□

② 17 × 33
□□□

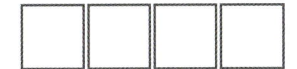

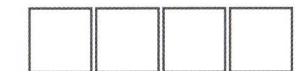

③ 15 × 55

④ 13 × 66

⑤ 63 × 77
□□□□

⑥ 41 × 88
□□□□

⑦ 39 × 44

⑧ 76 × 66

答えは次のページ

ちょっと、ひと息

495

333や777のようにすべての位の数字が同じにならないように、3ケタの数を1つ思い浮かべてください。使われている3つの数字をならべかえてできる、一番大きい数から一番小さい数をひき算します。その答えの数に、また同じ操作をくりかえしていきます。どんな数になりましたか？ 951で試してみましょう。
951 − 159 = 792 → 972 − 279 = 693 → 963 − 369 = 594 → 954 − 459 = 495 「495」になりました。このあと何回くり返しても答えは「495」です。みなさんは、どうですか？ このような操作を「カプレカ操作」とよび、4ケタや5ケタなどいろいろなケタの数ごとにある決まった数になることが知られています。ぜひ、4ケタなどでもお試しください。

第3章 5秒暗算

1000との差を見れば答えがわかる暗算術

4 1000に近い数をかける暗算術

> 1000に近い数どうしをかけ算するときに使える暗算術です。1000との差が9以下の数のときに役に立ちます。はじめに、1000より小さい数どうしをかける場合について **996 × 998** を例に説明していきます。

1 996と998をたてにならべて、それぞれの数と1000の差をよこにならべます（996と1000の差は4、998と1000の差は2）。このとき、996と998は1000より小さい数なので、差にマイナスの符号をつけます。

```
    9 9 6    − 4
×   9 9 8    − 2
```

2 差の下に3ケタのスペースをイメージして、差を上下にかけ算した数（ここでは、4 × 2 = 8）をそのスペースに右ヅメにしてならべます。3ケタのスペースなので008とします。

```
    9 9 6    − 4
×   9 9 8    − 2
            ─────
             0 0 8
```

3 1000に近い数と、かけ算する相手の数と1000の差をななめに計算します（996 − 2 = 994 または 998 − 4 = 994）。求めた数を**2**のスペースの左にならべます。答えは、994008です。

```
    9 9 6    − 4
×   9 9 8    − 2
            ─────
    9 9 4    0 0 8
```

95ページの答え
❶ 792 ❷ 561 ❸ 825 ❹ 858 ❺ 4851 ❻ 3608 ❼ 1716 ❽ 5016

次に、1000より大きい数どうしをかけ算する場合を
1003 × 1005 を使って説明していきます。

1 1003と1005をたてにならべて、それぞれの数と1000の差をよこにならべます（1003と1000の差は3、1005と1000の差は5）。このとき、1003と1005は1000より大きい数なので、差にプラスの符号をつけます。

```
    1 0 0 3     +3
  × 1 0 0 5     +5
```

2 差を上下にかけ算した数（ここでは、3 × 5 = 15）をさきほどと同じように下のスペースに右ヅメにしてならべます。

```
    1 0 0 3     +3
  × 1 0 0 5     +5
  ─────────
          0 1 5
```

3 さきほどと同じようにななめに計算します（1003 + 5 = 1008 または 1005 + 3 = 1008）。求めた数を**2**のスペースの左にならべます。答えは、1008015 です。

```
    1 0 0 3  ⟩⟨  +3
  × 1 0 0 5      +5
  ─────────────────
    1 0 0 8  0 1 5
```

最後に、1000より大きい数と小さい数をかける場合を **997 × 1007** で紹介します。

1 2つの数字と、差をならべます。

```
      9 9 7     −3
  × 1 0 0 7     +7
```

第3章 5秒暗算

❷ 差を上下にかけ算した数は、3 × 7 = 21 より 21 なのですが、1000 より大きい数と小さい数をかける場合には、21 を下のスペースにならべるのではなく、21 の 1000 に対する補数（21 にたし算して 1000 になる数）である 979 をならべます。

```
    9 9 7      − 3
×  1 0 0 7    + 7
              ─────
               9 7 9
```

❸ さきほどと同じようにななめに計算します（997 + 7 = 1004 または 1007 − 3 = 1004）。求めた数から 1 をひき算した数を ❷ のスペースの左にならべます。1004 − 1 = 1003　答えは、1003979 です。

```
    9 9 7      − 3
×  1 0 0 7    + 7
  ─────────────────
  1 0 0 3  9 7 9
```

暗算術のしくみ

996 × 998 で暗算のしくみを見ていきましょう。

996 × 998 =（1000 − 4）×（1000 − 2）
　　　　　 = 1000 × 1000 − 1000 × 2 − 1000 × 4 + 4 × 2
　　　　　 = 1000 ×（1000 − 2 − 4）+ 4 × 2
　　　　　 = 1000 ×（996 − 2）+ 4 × 2

これより、一方の数と、もう一方の数と 1000 の差を計算して「996 − 2」、位を 3 ケタずらし「(996 − 2) × 1000」、2 つの数と 1000 の差どうしをかけた「4 × 2」をたし算すればよいことがわかります。

　　　　　 = 994008

暗算のトレーニング

5秒で解けるように、練習してみましょう。

① 993 × 995

② 997 × 992

③ 1004 × 1008

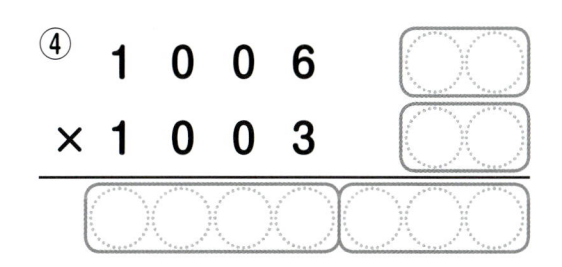

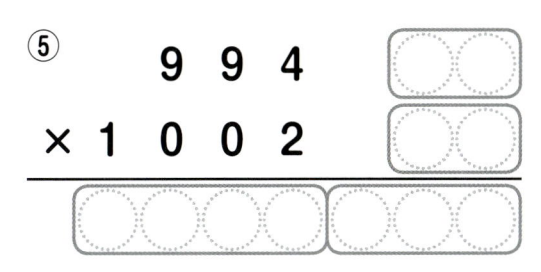

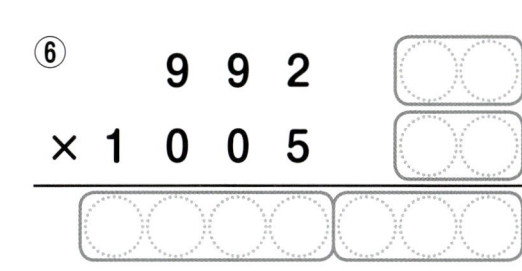

④ 1006 × 1003

⑤ 994 × 1002

⑥ 992 × 1005

⑦ 991 × 998

⑧ 1008 × 1001

⑨ 1009 × 1002

⑩ 995 × 1007

第3章 5秒暗算

答えは次のページ

3ケタかけ算は真ん中から攻めるべし

5 3ケタと1ケタの数のかけ算の暗算術

> 3ケタと1ケタの数をかけ算するときに使える暗算術です。
> まず、**763×4** を例に説明していきます。

1 3ケタの数の十の位の数（ここでは 6）と1ケタの数（ここでは 4）をかけ算します。 $6 × 4 = 24$

```
  7 6 3
×     4
─────────
    2 4
```

2 3ケタの数の一の位の数（ここでは 3）と1ケタの数（ここでは 4）をかけ算して、図のようにずらしたスペースに右ヅメにしてならべます。 $3 × 4 = 12$

```
  7 6 3
×     4
─────────
    2 4
      1 2
```

3 スペースの数字を右から2ケタ分だけ、上下にたし算します。これが、763 × 4の答えの下2ケタになります。

```
  7 6 3
×     4
─────────
    2 4
      1 2
      5 2
```

99ページの答え
❶ 988035 ❷ 989024 ❸ 1012032 ❹ 1009018 ❺ 995988 ❻ 996960 ❼ 989018 ❽ 1009008 ❾ 1011018 ❿ 1001965

4 3ケタの数の百の位の数（ここでは7）と1ケタの数（ここでは4）をかけ算して、図のようにずらしたスペースに右ヅメしてならべます。7 × 4 = 28

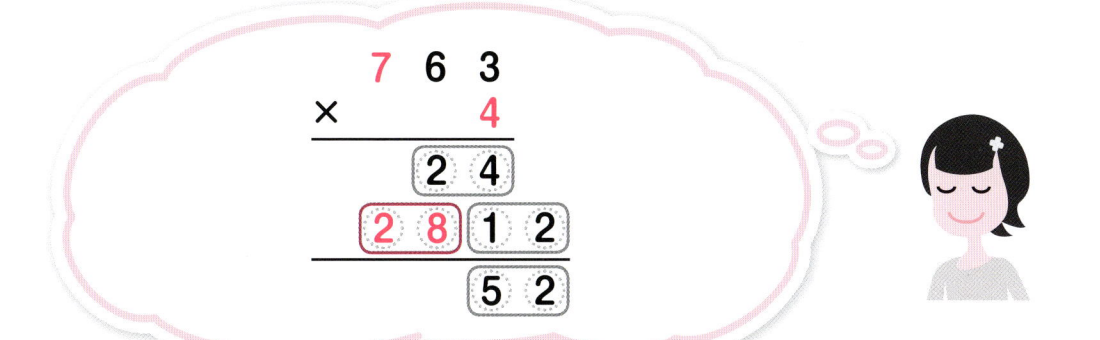

```
    7 6 3
  ×     4
  ─────────
        2 4
    2 8 1 2
        5 2
```

5 ❸と同じように、2つのスペースの数を上下にたし算します。これが、763 × 4の答えの上2ケタになります。答えは、3052 です。

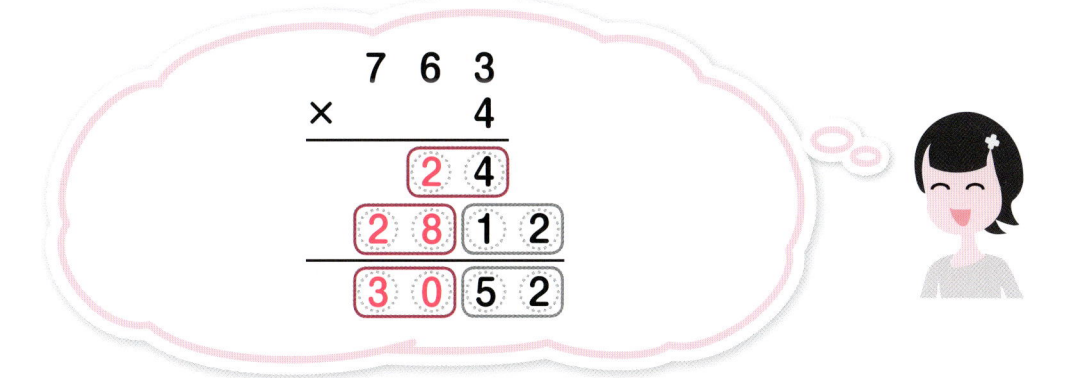

```
    7 6 3
  ×     4
  ─────────
        2 4
    2 8 1 2
    3 0 5 2
```

次に、くり上がりがある場合を **589 × 7** を使って見ておきましょう。

1 さきほどと同じように❶と❷の操作をおこないます。

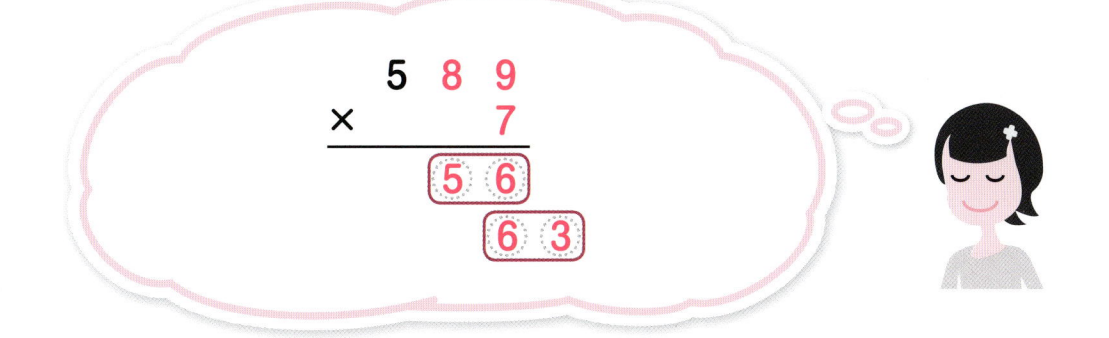

```
    5 8 9
  ×     7
  ─────────
        5 6
        6 3
```

2 スペースの数字を右から2ケタ分だけ、上下にたし算します。これが、589 × 7 の答えの下2ケタになります。

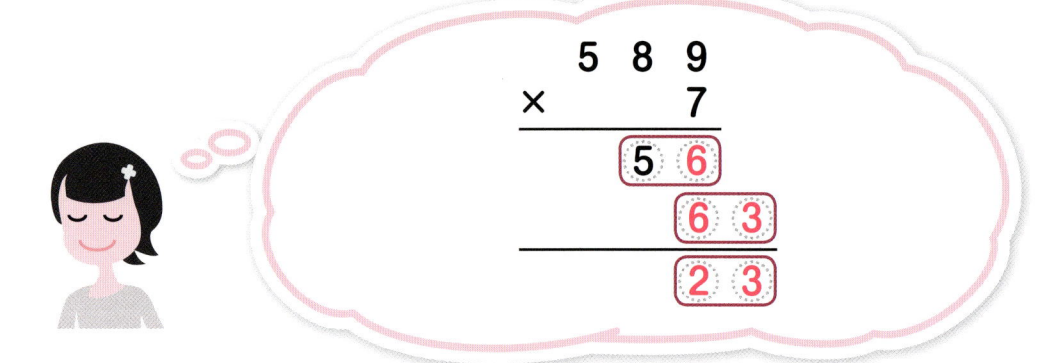

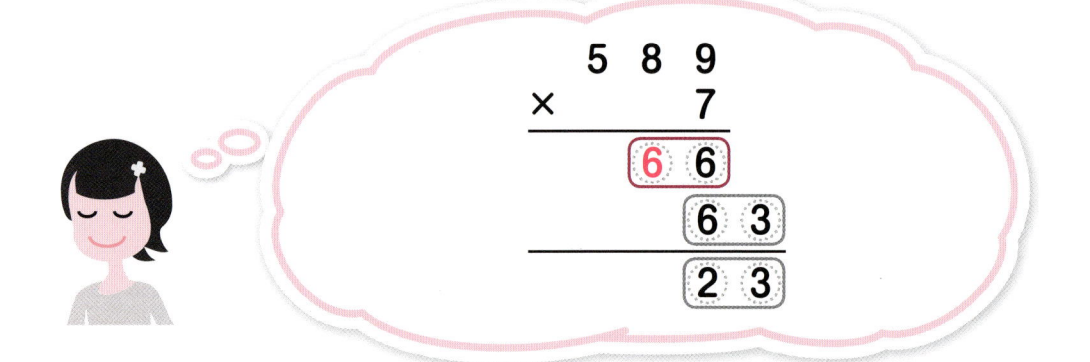

```
    5 8 9
  ×     7
    5 6
      6 3
      2 3
```

3 このとき、右から2ケタ目のたし算（6 + 6 = 12）のところででてくる、くり上がりの1を、右から3ケタ目の数である5にたし算します。1 + 5 = 6

```
    5 8 9
  ×     7
    6 6
      6 3
      2 3
```

4 3ケタの数の百の位の数（ここでは5）と1ケタの数（ここでは7）をかけ算して、図のようにずらしたスペースに右ヅメしてならべます。5 × 7 = 35
それから、**2** と同じように、2つのスペースの数を上下にたし算します。これが、589 × 7 の答えの上2ケタになります。答えは、4123 です。

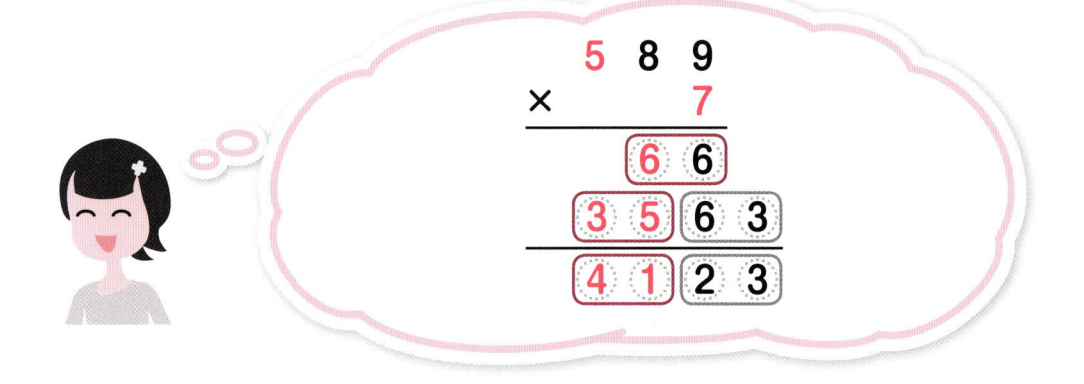

```
      5 8 9
    ×     7
        6 6
    3 5 6 3
    4 1 2 3
```

暗算のトレーニング

5秒で解けるように、練習してみましょう。

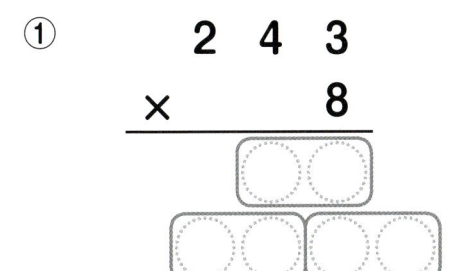

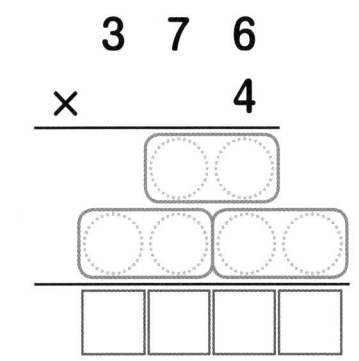

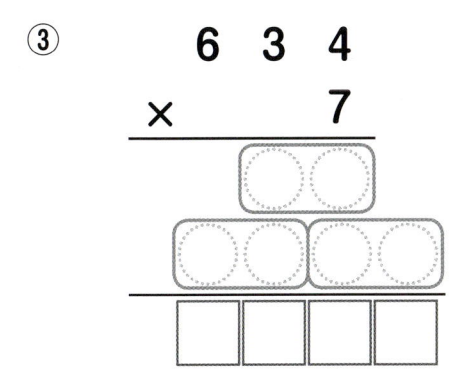

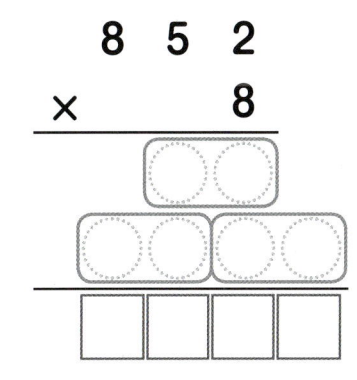

第3章 5秒暗算

① 　 2 4 3
　× 　　 8
　―――――

② 　 3 7 6
　× 　　 4
　―――――

③ 　 6 3 4
　× 　　 7
　―――――

④ 　 8 5 2
　× 　　 8
　―――――

⑤ 　 5 6 7
　× 　　 3
　―――――

⑥ 　 4 9 7
　× 　　 8
　―――――

⑦ 　 7 2 5
　× 　　 6
　―――――

⑧ 　 9 3 7
　× 　　 4
　―――――

⑨ 　 4 4 8
　× 　　 7
　―――――

⑩ 　 2 8 9
　× 　　 6
　―――――

答えは次のページ

6 法則を利用する暗算術

これが、法則の使い方です！

> 中学で習う計算法則を利用することで、複雑そうな計算が、かんたんに暗算できてしまう場合をいくつか紹介していきます。
> まずは、A×B＋A×C＝A×(B＋C)を利用する暗算術です。

＜ 18 × 102 ＞

102 ＝ 100 ＋ 2 と考えることがポイントです。

$$18 \times 102 = 18 \times (100 + 2)$$
$$= 18 \times 100 + 18 \times 2$$
$$= 1800 + 36$$
$$= 1836$$

＜ 68 × 880 ＋ 68 × 120 ＞

68 が 2 回かけ算に使われていることと、880 ＋ 120 ＝ 1000 に気づくことがポイントです。

$$68 \times 880 + 68 \times 120 = 68 \times (880 + 120)$$
$$= 68 \times 1000$$
$$= 68000$$

＊ 100 や 1000 など、キリがよくて暗算しやすい数を、工夫してつくりだしています。

---

103 ページの答え
❶ 1944　❷ 1504　❸ 4438　❹ 6816　❺ 1701　❻ 3976　❼ 4350　❽ 3748　❾ 3136　❿ 1734

次は、$(A+B)×(A-B)=A^2-B^2$ を利用する暗算術です。
(A^2 は $A×A$、B^2 は $B×B$ を表します)

< 2008 × 1992 >
2008 = 2000 + 8、1992 = 2000 − 8 に気づくことがポイントです。

$$
\begin{aligned}
2008×1992 &= (2000+8)×(2000-8) \\
&= 2000^2 - 8^2 \\
(&= 2000×2000 - 8×8) \\
&= 4000000 - 64 \\
&= 3999936
\end{aligned}
$$

< 65 × 135 >
65 = 100 − 35、135 = 100 + 35 に気づくことがポイントです。

$$
\begin{aligned}
65×135 &= (100-35)×(100+35) \\
&= 100^2 - 35^2 \\
(&= 100×100 - 35×35) \\
&= 10000 - 1225 \\
&= 8775
\end{aligned}
$$

＊ 35 × 35 の計算には『一の位の和が 10 になる数をかける暗算術』を使います。

< 635 × 635 − 365 × 365 >
635 + 365 = 1000 に気づくことがポイントです。

$$
\begin{aligned}
&635×635 - 365×365 \\
&= (635+365)×(635-365) \\
&= 1000×270 \\
&= 270000
\end{aligned}
$$

さらに、$(A+B)^2 = A^2 + 2 \times A \times B + B^2$ を利用する暗算術です。
〈$(A+B)^2$ は $(A+B) \times (A+B)$、A^2 は $A \times A$、B^2 は $B \times B$ を表します〉

< 407^2 または 407×407 >

$407 = 400 + 7$ にして法則を利用します。

$$
\begin{aligned}
407^2 &= (400+7)^2 \\
&= 400^2 + 2 \times 400 \times 7 + 7^2 \\
(&= 400 \times 400 + 2 \times 400 \times 7 + 7 \times 7) \\
&= 160000 + 5600 + 49 \\
&= 165649
\end{aligned}
$$

最後に＋と－の符号をかえて、$(A-B)^2 = A^2 - 2 \times A \times B + B^2$ を利用する暗算術も見ておきましょう。

< 186^2 または 186×186 >

$186 = 200 - 14$ にして法則を利用します。

$$
\begin{aligned}
186^2 &= (200-14)^2 \\
&= 200^2 - 2 \times 200 \times 14 + 14^2 \\
(&= 200 \times 200 - 2 \times 200 \times 14 + 14 \times 14) \\
&= 40000 - 5600 + 196 \\
&= 34596
\end{aligned}
$$

＊ 14×14 の計算には『11 から 19 までの九九の暗算術』または第 4 章の『同じ数をかける暗算術』を使います。

暗算のトレーニング

5秒で解けるように、練習してみましょう。

① 15 × 203

② 18 × 105

③ 23 × 302

④ 13 × 406

⑤ 37 × 390 + 37 × 610

⑥ 84 × 260 + 16 × 260

⑦ 482 × 52 + 48 × 482

⑧ 94 × 720 + 280 × 94

⑨ 508 × 492

⑩ 193 × 207

⑪ 315 × 285

⑫ 3001 × 2999

⑬ 112 × 112

⑭ 296 × 296

⑮ 301 × 301

⑯ 975 × 975

第3章 5秒暗算

答えは次のページ

第4章 2ケタ暗算

これが究極の暗算術！　2ケタかけ算登場①

1　2ケタ×2ケタの暗算術 基本編

むずかしいとされる2ケタのかけ算を速く、かんたんに解いてしまう暗算術です。**32×46** を使って説明していきます。

1 まず、32 と 46 のかけ算を筆算するときのようにたてにならべて、下に3つのスペースをイメージします。

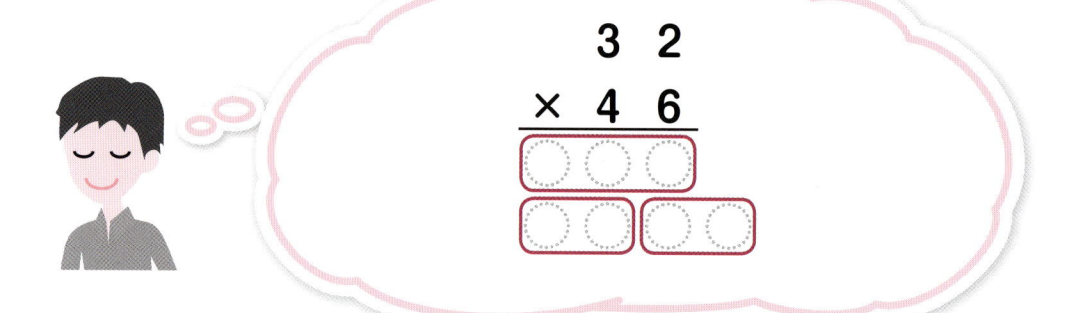

```
  3 2
× 4 6
───────
 ○ ○ ○
 ○ ○│○ ○
```

2 次に、数字をななめにかけたものどうしをたし算して、線のすぐ下のスペースに右ヅメにしてならべます。

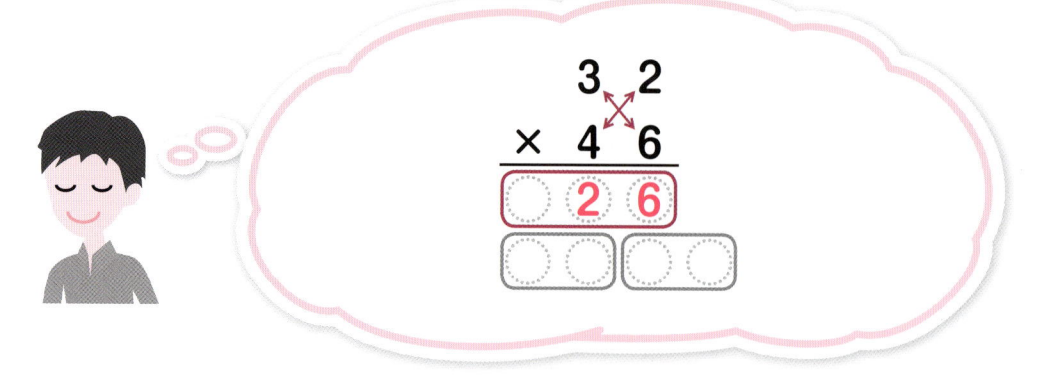

3 × 6 ＋ 4 × 2 ＝ 18 ＋ 8 ＝ 26

```
  3 2
× 4 6
───────
 ○ 2 6
 ○ ○│○ ○
```

---

107 ページの答え

❶ 3045　❷ 1890　❸ 6946　❹ 5278　❺ 37000　❻ 26000　❼ 48200　❽ 94000　❾ 249936　❿ 39951　⓫ 89775　⓬ 8999999　⓭ 12544　⓮ 87616　⓯ 90601　⓰ 950625

3 つづいて、一の位どうしをかけて、右下のスペースに右ヅメにしてならべます。
 $2 \times 6 = 12$

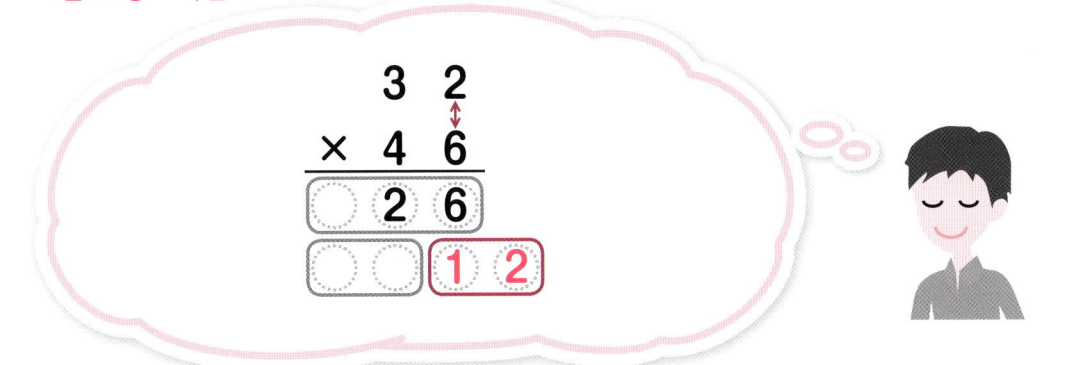

```
    3 2
  × 4 6
  ○ 2 6
  ○ ○ 1 2
```

4 2つのスペースにならべた数字を右から2ケタ分、上下にたします。この2ケタの数字が、32×46の答えの下2ケタになります。

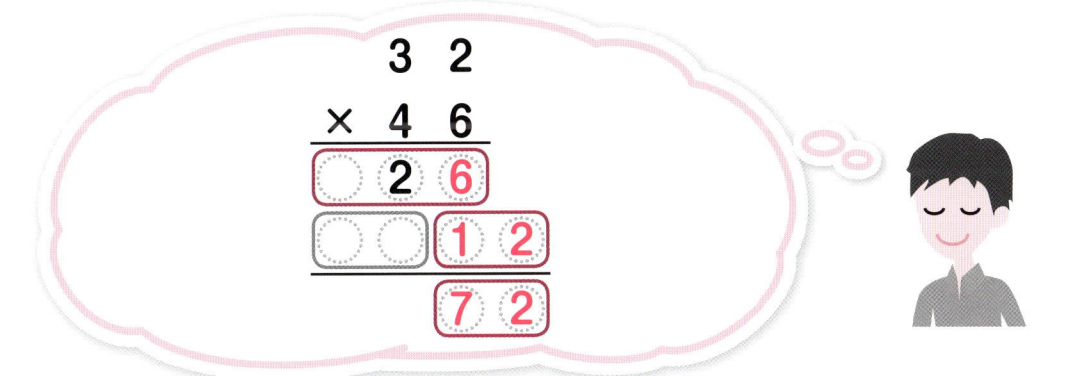

```
    3 2
  × 4 6
  ○ 2 6
  ○ ○ 1 2
      7 2
```

5 もとの式の十の位どうしをかけた数（ここでは、$3 \times 4 = 12$）を、左下のスペースに入れて、**4**と同じように上下にたし算します。$12 + 2 = 14$ この14が、32×46の答えの上2ケタになります。

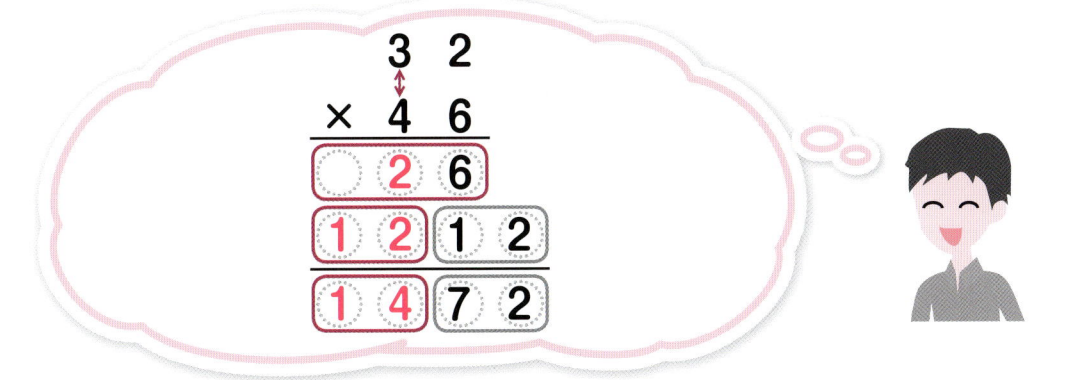

```
    3 2
  × 4 6
  ○ 2 6
  1 2 1 2
  1 4 7 2
```

6 答えは、1472です。

第4章 2ケタ暗算

少し違うパターンの問題でもう一度確認しておきましょう。**42 × 21** です。

1 ななめにかけたものどうしをたし算します。4 × 1 + 2 × 2 = 8

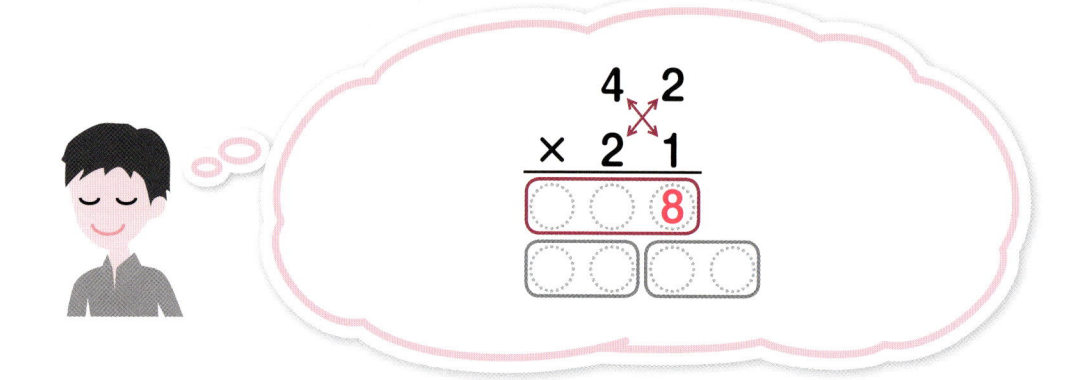

2 一の位どうしをかけて（2 × 1 = 2）、右下のスペースに入れて、上下にたして下2ケタを確定します。

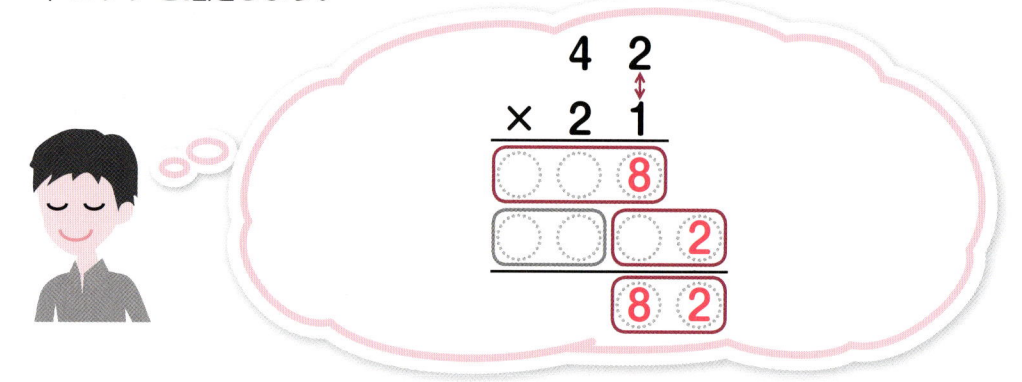

3 十の位どうしをかけて（4 × 2 = 8）、左下のスペースに入れて、上下にたして上2ケタ（ここでは、上1ケタ）を確定します。

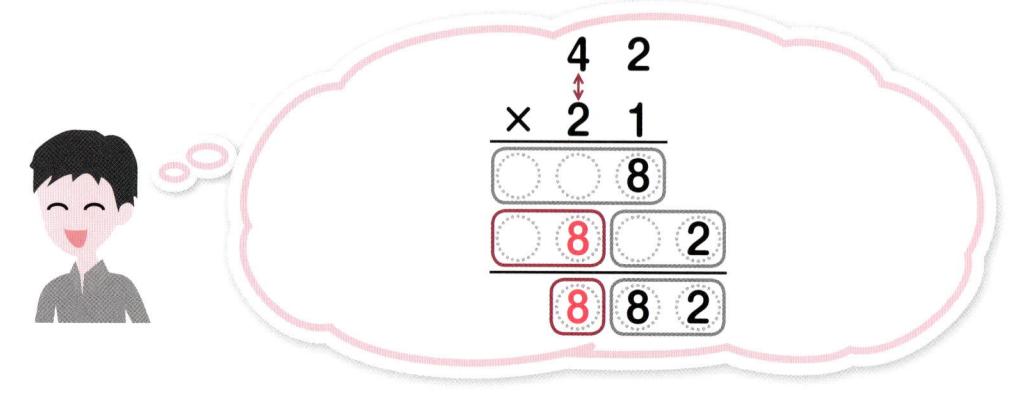

4 答えは、882 です。

暗算のトレーニング

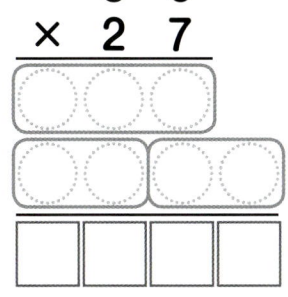

① 36 × 27

② 58 × 24

③ 13 × 95

④ 49 × 62

⑤ 79 × 34

⑥ 56 × 82

⑦ 67 × 43

⑧ 76 × 14

⑨ 85 × 91

⑩ 38 × 25

⑪ 18 × 27

⑫ 53 × 39

第4章 2ケタ暗算

答えは次のページ

これが究極の暗算術！ 2ケタかけ算登場②
2 2ケタ×2ケタの暗算術 発展編

くり上がりのある2ケタ×2ケタの暗算術をマスターしましょう。
これができるようになれば、あなたも暗算の達人！ がんばってください。
64 × 58 を使って説明していきます。

1 64と58のかけ算を筆算するときのようにたてにならべて、下に3つのスペースをイメージします。

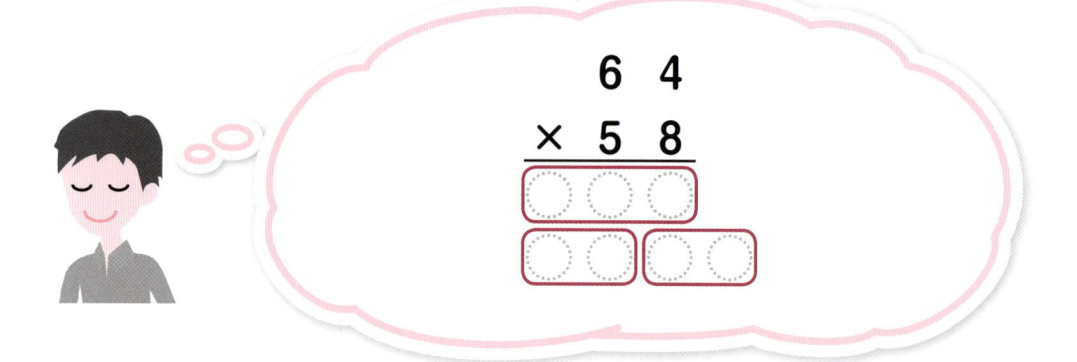

```
    6 4
  × 5 8
  ○○○
   ○○○
```

2 次に、数字をななめにかけたものどうしをたし算して、線のすぐ下のスペースに右ヅメにしてならべます。

6 × 8 + 5 × 4 = 48 + 20 = 68

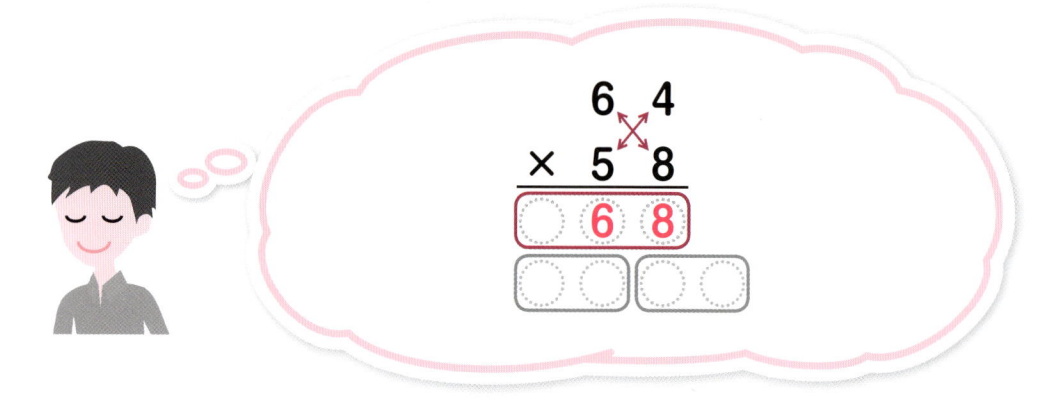

```
    6 4
  × 5 8
  ○ 6 8
   ○○○○
```

111ページの答え
❶ 972　❷ 1392　❸ 1235　❹ 3038　❺ 2686　❻ 4592　❼ 2881　❽ 1064　❾ 7735　❿ 950　⓫ 486　⓬ 2067

3 つづいて、一の位どうしをかけて、右下のスペースに右ヅメにしてならべます。
4 × 8 = 32

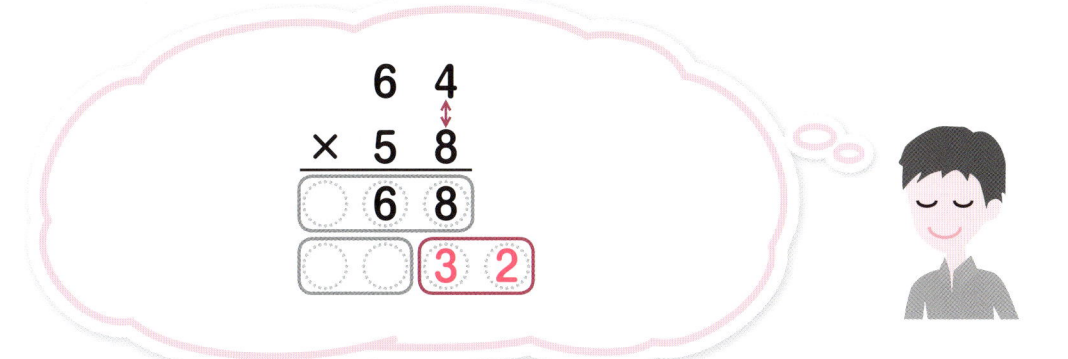

```
    6 4
  × 5 8
  ○ 6 8
  ○○ 3 2
```

4 2つのスペースにならべた数字を右から2ケタ分、上下にたし算します。この2ケタの数字が、64 × 58の答えの下2ケタになります。このとき、答えの十の位のたし算（8 + 3 = 11）ででてくる、くり上がりの1を右から3ケタ目の数6にたし算します。6 + 1 = 7

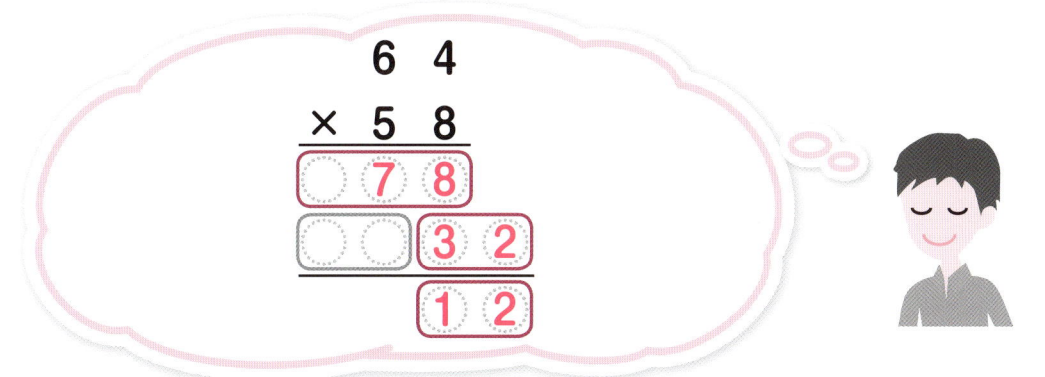

```
    6 4
  × 5 8
  ○ 7 8
  ○○ 3 2
     1 2
```

5 もとの式の十の位どうしをかけた数（ここでは、6 × 5 = 30）を、左下のスペースに入れて、**4**と同じように上下にたし算します。30 + 7 = 37　この37が、64 × 58の答えの上2ケタになります。

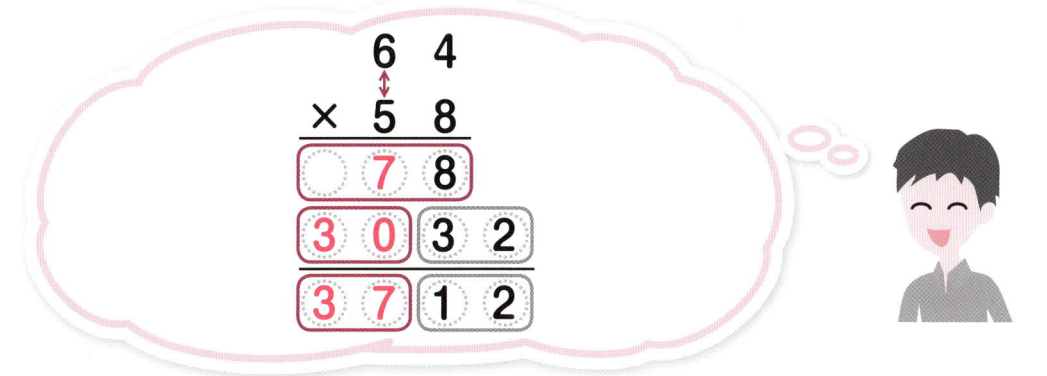

```
    6 4
  × 5 8
  ○ 7 8
  3 0 3 2
  3 7 1 2
```

6 答えは、3712です。

少し違うパターンの問題でもう一度確認しておきましょう。**79 × 85** です。

1 ななめにかけたものどうしをたし算して上のスペースにならべます。7 × 5 + 8 × 9 = 107　一の位どうしをかけて、右下のスペースに右ヅメにしてならべます。9 × 5 = 45

```
    7 9
  × 8 5
  1 0 7
      4 5
```

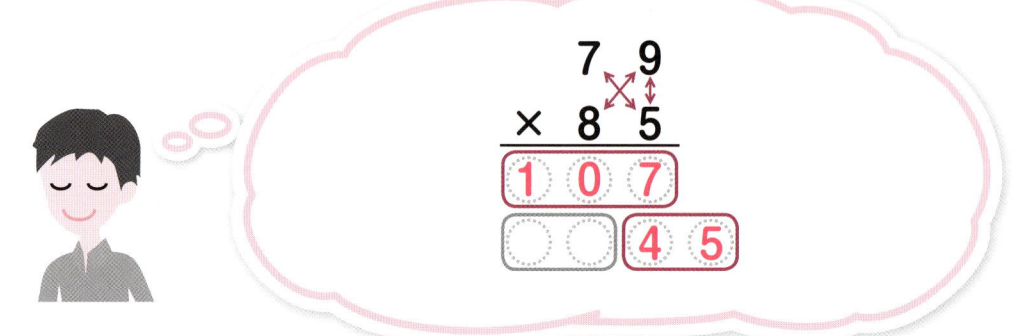

2 2つのスペースの数字を右から2ケタ分、上下にたして下2ケタを確定し、くり上がりの1を右から3ケタ目の数0にたし算します。

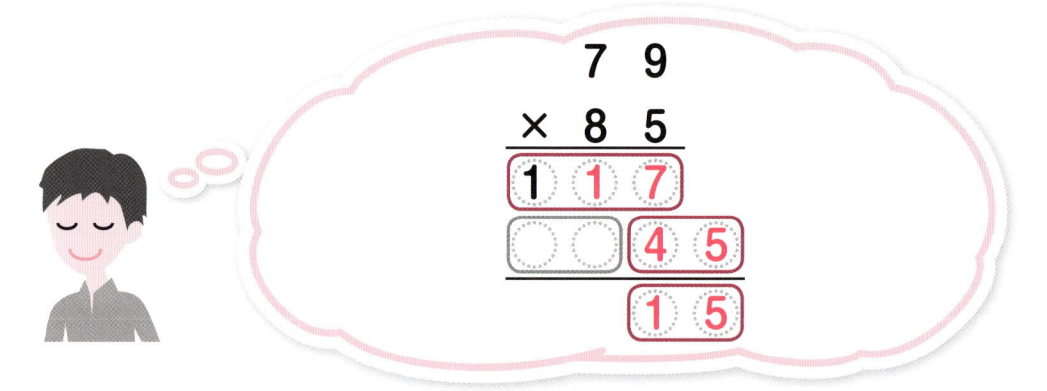

```
    7 9
  × 8 5
  1 1 7
      4 5
      1 5
```

3 十の位どうしをかけて（7 × 8 = 56）、左下のスペースに入れて、上下にたして上2ケタを確定します。11 + 56 = 67

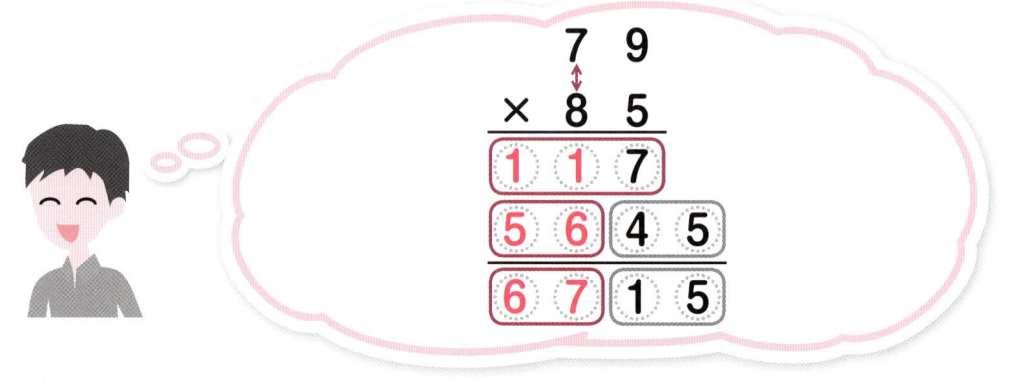

```
    7 9
  × 8 5
  1 1 7
  5 6 4 5
  6 7 1 5
```

4 答えは、6715 です。

暗算のトレーニング

① 18 × 29

② 14 × 36

③ 45 × 69

④ 38 × 56

⑤ 68 × 84

⑥ 96 × 74

⑦ 17 × 25

⑧ 43 × 19

⑨ 78 × 57

⑩ 67 × 75

⑪ 86 × 98

⑫ 79 × 89

第4章　2ケタ暗算

答えは次のページ

ふつうにやってはつまらない、2乗算は楽しく解く！

3 同じ数をかける暗算術

> 34^2 または 34 × 34 といった2ケタの同じ数をかけるときには、『2ケタ× 2ケタの暗算術』を少し違ったかたちで計算の中に取り入れる方法がおすすめです。34^2 を使って説明していきます。

1 『2ケタ×2ケタの暗算術』と同じように、3つのスペースをイメージします。

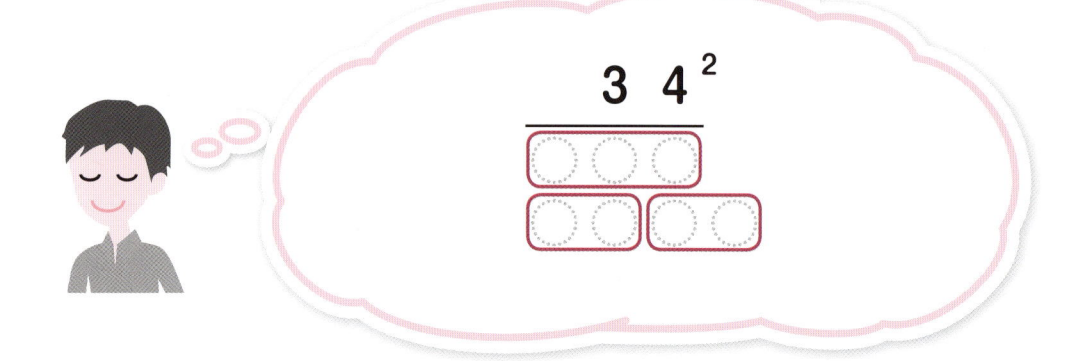

$$3\ 4^2$$

2 次に、十の位の数（ここでは3）と一の位の数（ここでは4）をかけ算して、その答えを2倍して、線のすぐ下のスペースに右ヅメにしてならべます（いいかえると、34^2 の中にある3つの数字「3」「4」「2」をかけ算します）。

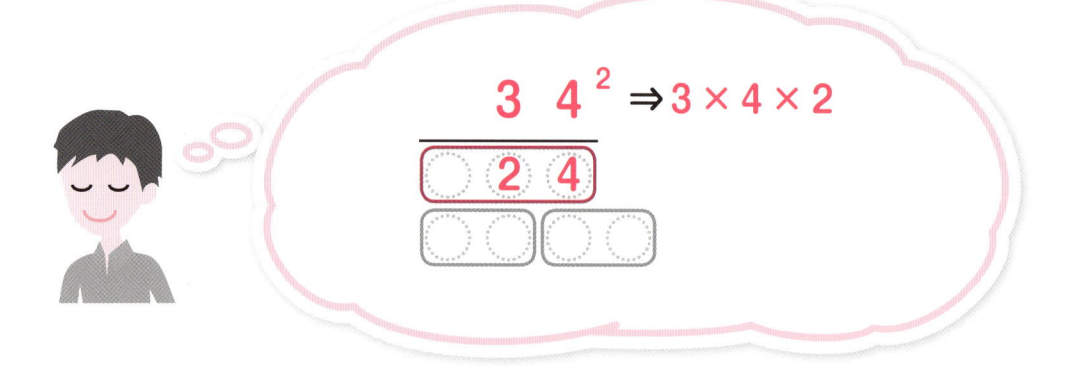

3 × 4 × 2 = 24

$$3\ 4^2 \Rightarrow 3 × 4 × 2$$

115ページの答え
❶ 522　❷ 504　❸ 3105　❹ 2128　❺ 5712　❻ 7104　❼ 425　❽ 817　❾ 4446　❿ 5025　⓫ 8428　⓬ 7031

3 つづいて、一の位の数を2乗して（2回かけ算して）、右下のスペースに右ヅメにしてならべます。$4^2 = 16$ （$4 \times 4 = 16$）

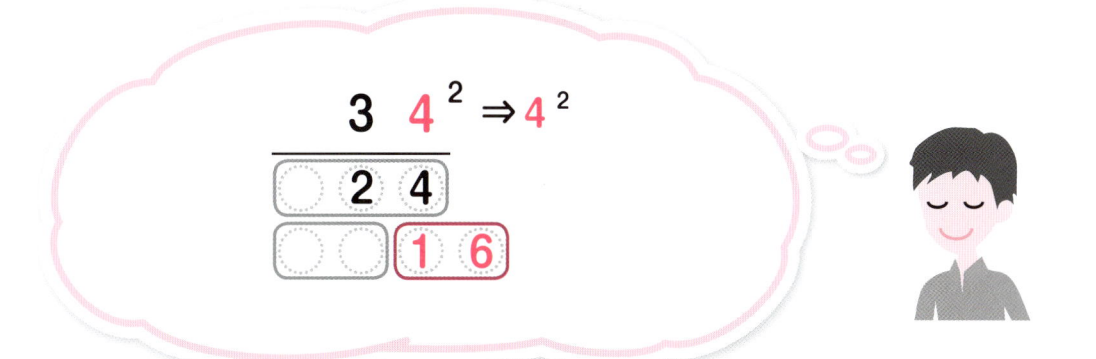

$$3 \quad 4^2 \Rightarrow 4^2$$

	2	4
		1	6

4 2つのスペースにならべた数字を右から2ケタ分、上下にたします。この2ケタの数字が、34^2の答えの下2ケタになります。

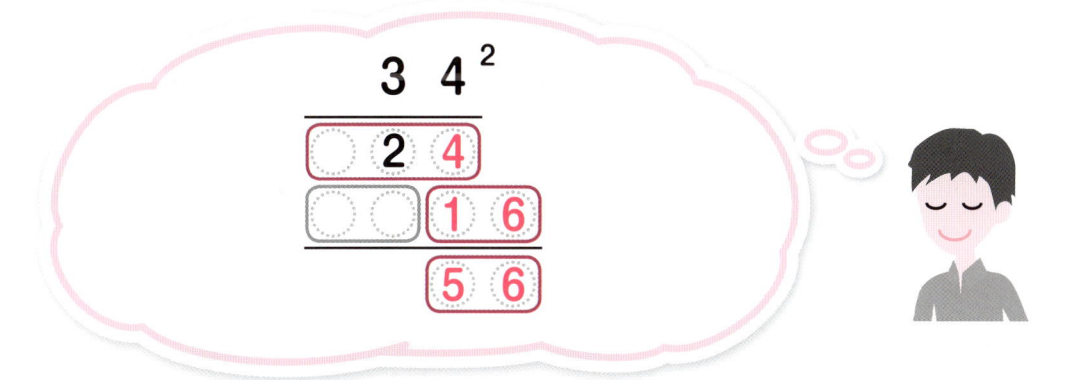

$$3 \quad 4^2$$

	2	4
		1	6
		5	6

5 もとの式の十の位の数を2乗して（$3^2 = 9$）、左下のスペースに入れて、**4**と同じように上下にたし算します。この2ケタの数字が、34^2の答えの上2ケタになります。

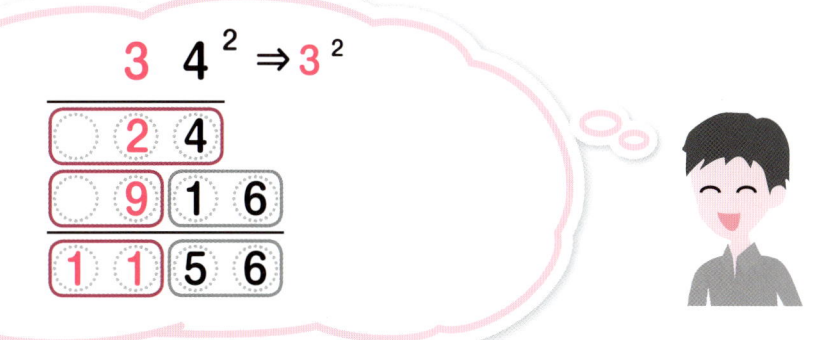

$$3 \quad 4^2 \Rightarrow 3^2$$

	2	4
	9	1	6
1	1	5	6

6 答えは、1156 です。

くり上がりのあるパターンも確認しておきましょう。38^2 です。

1 38^2 の中にある3つの数字「3」「8」「2」をかけ算します。

$3 \times 8 \times 2 = 48$

$$3\ 8^2 \Rightarrow 3 \times 8 \times 2$$

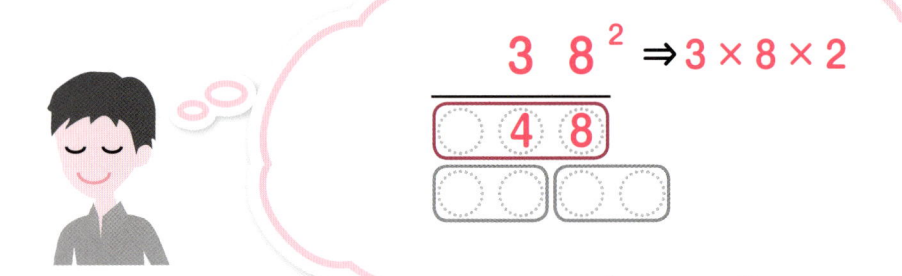

○ 4 8
○ ○ ○ ○

2 一の位の数を2乗して（$8^2 = 64$）、右下のスペースに入れて、上下にたして下2ケタを確定します（くり上がりに注意します）。

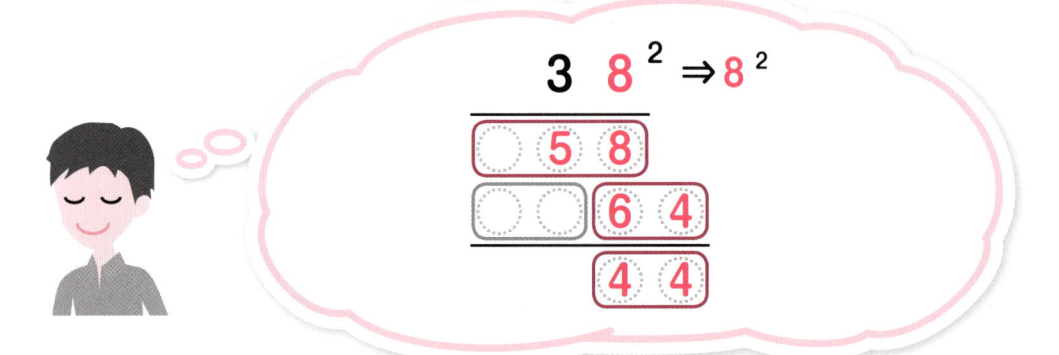

$$3\ 8^2 \Rightarrow 8^2$$

○ 5 8
○ ○ 6 4
　 4 4

3 十の位の数を2乗して（$3^2 = 9$）、左下のスペースに入れて、上下にたして上2ケタを確定します。

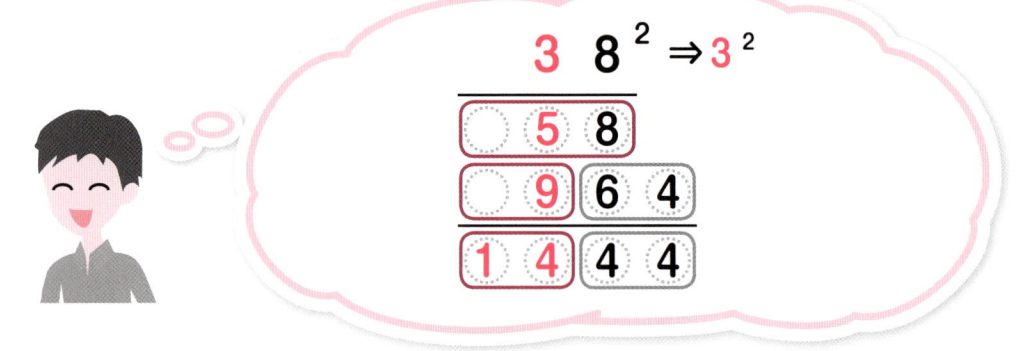

$$3\ 8^2 \Rightarrow 3^2$$

○ 5 8
○ 9 6 4
1 4 4 4

4 答えは、1444 です。

暗算のトレーニング

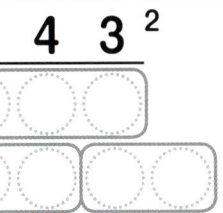

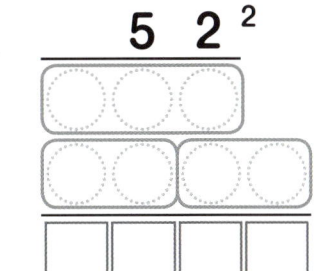

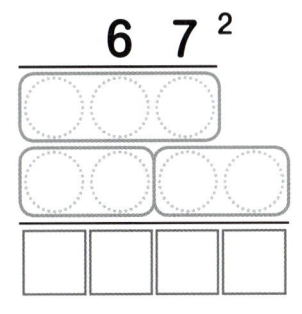

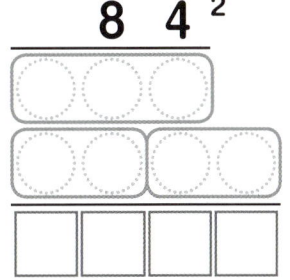

① 43^2

② 52^2

③ 67^2

④ 84^2

⑤ 36^2

⑥ 71^2

答えは次のページ

ちょっと、ひと息

ツェラーの公式

$$D = A + \left[\frac{A}{4}\right] + \left[\frac{A}{400}\right] - \left[\frac{A}{100}\right] + [2.6 \times (B+1)] + C - 1$$

このツェラーの公式を使うと、西暦A年B月C日が何曜日であるのかを求めることができます。まず、知りたい日について、A、B、Cの数字を公式に入れてDの値を求めます。ただし、[A]はAを超えない最大の整数を表し、$\frac{A}{4}$はA÷4を表します。また、1月と2月は、前年の13月、14月とします。それでは実際に「関ヶ原の戦い」（1600年9月15日と言われている）が何曜日であったのか調べてみましょう。

$$D = 1600 + \left[\frac{1600}{4}\right] + \left[\frac{1600}{400}\right] - \left[\frac{1600}{100}\right] + [2.6 \times (9+1)] + 15 - 1$$
$$= 1600 + 400 + 4 - 16 + 26 + 15 - 1 = 2028$$

次に、求めたDの値を7でわり算して、余りを求めます。2028 ÷ 7 = 289 余り5 余りが5なので、下の表より「金曜日」だとわかります。

余り	0	1	2	3	4	5	6
曜日	日曜日	月曜日	火曜日	水曜日	木曜日	金曜日	土曜日

みなさんも、「ツェラーの公式」をぜひお試しあれ。

第4章 2ケタ暗算

4 小数をかける暗算術

小数には、÷10、÷100で

> 『2ケタ×2ケタの暗算術』を小数のかけ算で使うパターンを紹介します。**2.7 × 5.3** の場合です。

1 2.7 × 5.3 = 27 × 53 ÷ 100 と考えて、27 × 53 を暗算します。まず、27 と 53 のかけ算を筆算するときのようにたてにならべて、下に3つのスペースをイメージします。

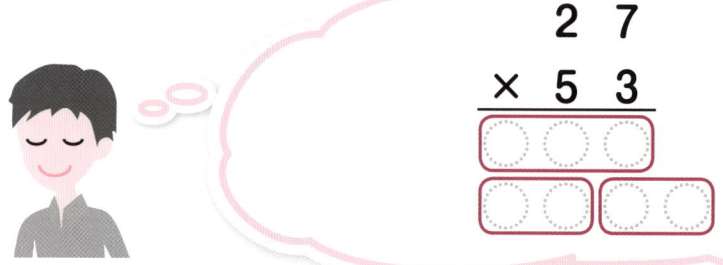

2 次に、数字をななめにかけたものどうしをたし算して、線のすぐ下のスペースに右ヅメにしてならべます。

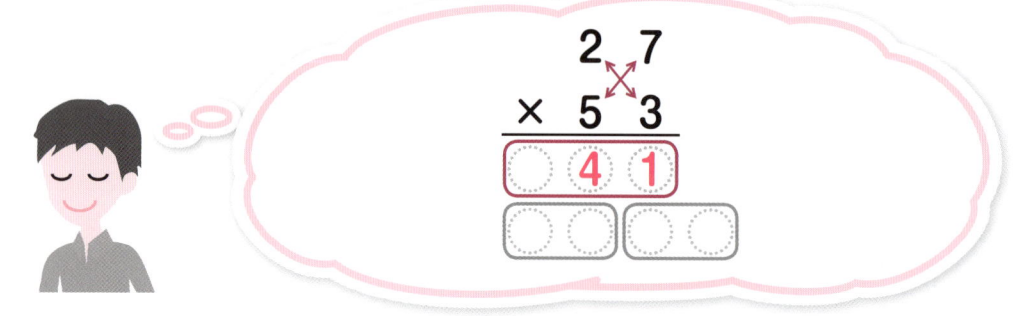

2 × 3 + 5 × 7 = 6 + 35 = 41

3 つづいて、一の位どうしをかけて、右下のスペースに右ヅメにしてならべます。

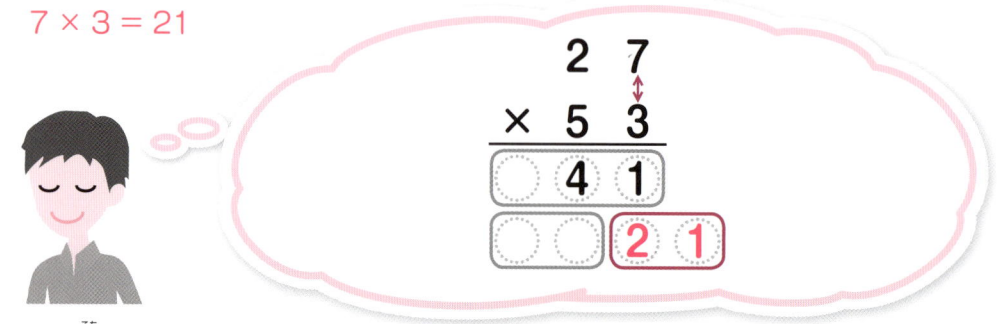

7 × 3 = 21

---

119 ページの答え
❶ 1849　❷ 2704　❸ 4489　❹ 7056　❺ 1296　❻ 5041

4 2つのスペースにならべた数字を右から2ケタ分、上下にたします。この2ケタの数字が、27×53の答えの下2ケタになります。

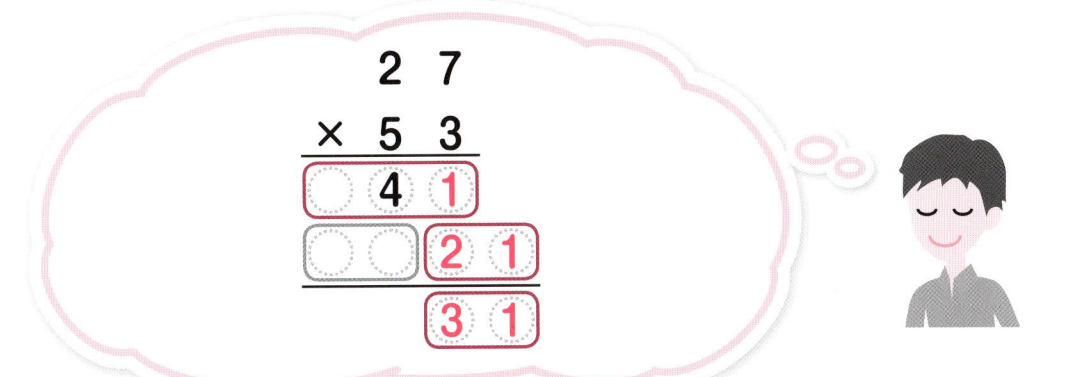

```
    2 7
  × 5 3
  ○ 4 1
  ○○ 2 1
    3 1
```

5 もとの式の十の位どうしをかけた数（ここでは、2×5＝10）を、左下のスペースに入れて、**4**と同じように上下にたし算します。10＋4＝14　この14が、27×53の答えの上2ケタになります。

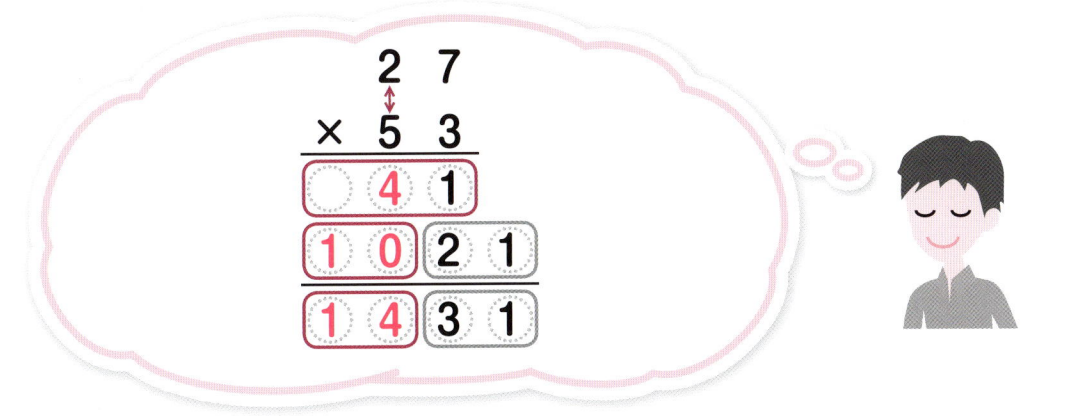

```
    2 7
  × 5 3
  ○ 4 1
  1 0 2 1
  1 4 3 1
```

6 1431÷100＝14.31 より、答えは、14.31 です。

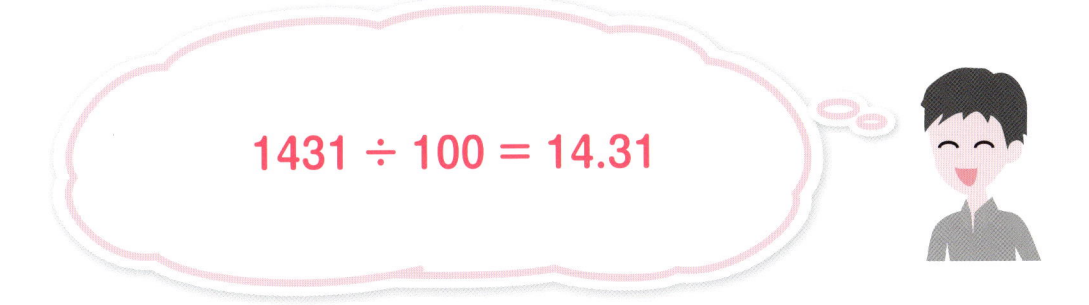

$$1431 ÷ 100 = 14.31$$

（小数）×（整数）のパターンも確認しておきましょう。**4.9 × 36** です。

1 4.9 × 36 = 49 × 36 ÷ 10 より、49 × 36 を暗算します。ななめにかけたものどうしをたし算します。 4 × 6 + 3 × 9 = 24 + 27 = 51

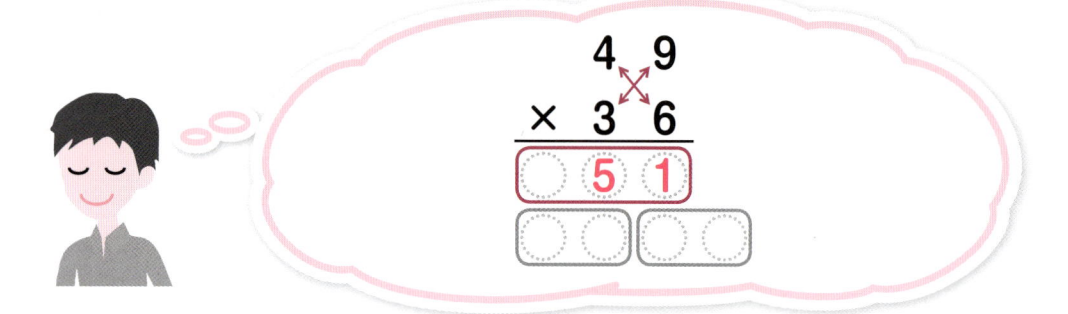

```
    4 9
  ×  3 6
  ─────
    5 1
  ○○○○
```

2 一の位どうしをかけて（9 × 6 = 54）、右下のスペースに入れて、上下にたして下2ケタを確定します。

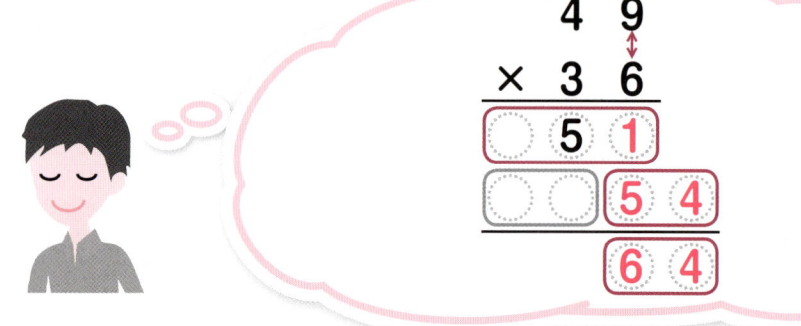

```
    4 9
  ×  3 6
  ─────
    5 1
  ○○  5 4
  ─────
      6 4
```

3 十の位どうしをかけて（4 × 3 = 12）、左下のスペースに入れて、上下にたして上2ケタを確定します。

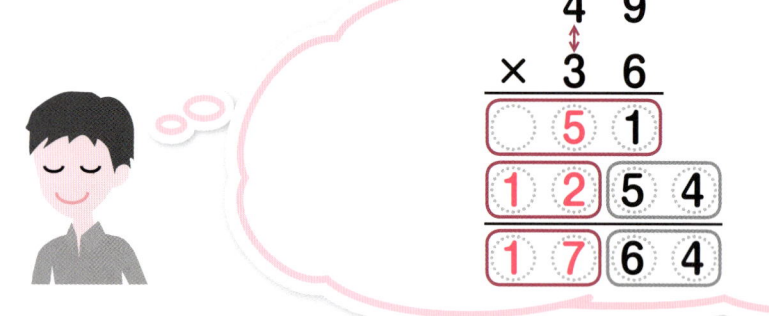

```
    4 9
  ×  3 6
  ─────
    5 1
  1 2 5 4
  ─────
  1 7 6 4
```

4 1764 ÷ 10 = 176.4 より、答えは、176.4 です。

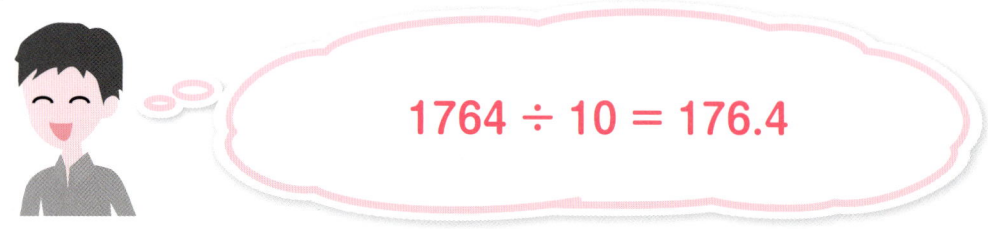

1764 ÷ 10 = 176.4

暗算のトレーニング

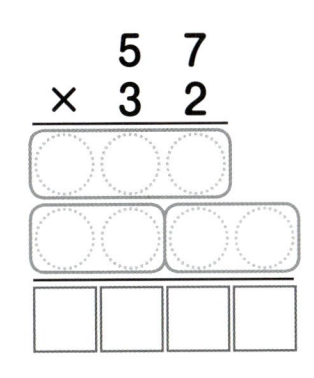

① 5.7 × 3.2

```
    5 7
×   3 2
```

② 6.5 × 43

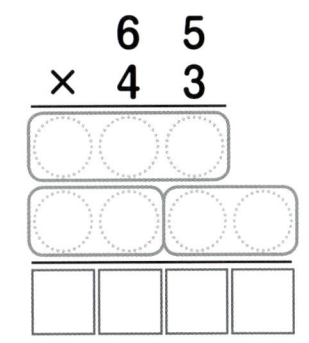

```
    6 5
×   4 3
```

③ 7.9 × 2.4

```
    7 9
×   2 4
```

④ 8.9 × 14

```
    8 9
×   1 4
```

⑤ 4.3 × 3.2

```
    4 3
×   3 2
```

⑥ 9.7 × 21

```
    9 7
×   2 1
```

答えは次のページ

まとめ 「2ケタかけ算の賢い使い方」

1. 62 × 11 ⇒ 『11 をかける暗算術 基本編』 　6ページ
2. 83 × 87 ⇒ 『一の位の和が 10 になる数をかける暗算術 基本編』 　18ページ
3. 74 × 34 ⇒ 『十の位の和が 10 になる数をかける暗算術』 　22ページ
4. 46 × 99 ⇒ 『99、999、9999 をかける暗算術』 　26ページ
5. 17 × 18 ⇒ 『11 から 19 までの九九の暗算術』 　36ページ
6. 98 × 97 ⇒ 『100 に近い数をかける暗算術』 　44ページ
7. 23 × 26 ⇒ 『21 から 29 までの九九の暗算術』 　76ページ
8. 12 × 44 ⇒ 『ゾロ目をかける暗算術』 　92ページ
9. その他 ⇒ 『2ケタ×2ケタの暗算術 基本編』 　108ページ

第4章 2ケタ暗算

5 3つの数をかける暗算術

3つの数は変形して2つの数へ！

> 3つの数をかけるときにも、ひと工夫することで、『2ケタ×2ケタの暗算術』を使って暗算することができます。はじめに、10をつくりだすパターンを **45×12×16** を使って説明していきます。

1 45×12×16 を変形して、×10 をつくりだします。

$$45 \times 12 \times 16 = (9 \times 5) \times 12 \times (8 \times 2)$$
$$= (9 \times 8) \times 12 \times (5 \times 2)$$
$$= 72 \times 12 \times 10$$

2 『2ケタ×2ケタの暗算術』を使って 72×12 を暗算します。ななめにかけたものどうしをたし算して上のスペースにならべます。7×2＋1×2＝16
さらに、一の位どうしをかけて、右下のスペースに右ヅメにしてならべます。
2×2＝4

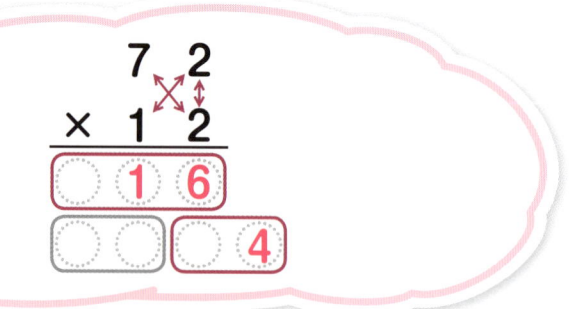

```
    7 2
  × 1 2
  ─────
    ⦿1 6⦿
  ⦿   ⦿4⦿
```

3 2つのスペースの数字を右から2ケタ分、上下にたし算して下2ケタを確定します。

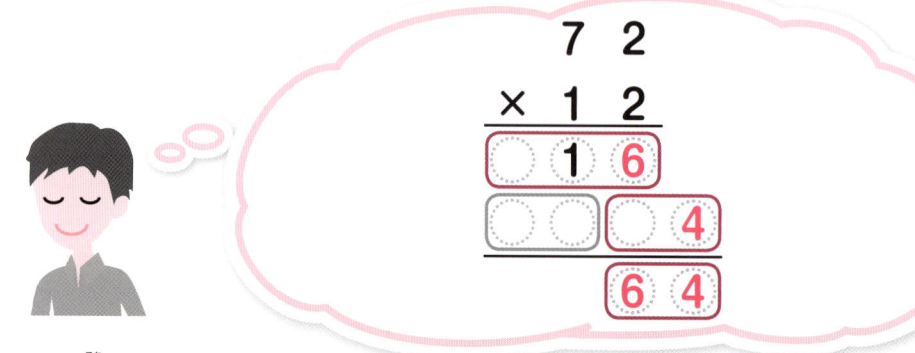

```
    7 2
  × 1 2
  ─────
    ⦿1 6⦿
  ⦿   ⦿4⦿
       ⦿6 4⦿
```

123ページの答え
❶ 18.24　❷ 279.5　❸ 18.96　❹ 124.6　❺ 13.76　❻ 203.7

4 十の位どうしをかけて（7 × 1 = 7）、左下のスペースに入れて、上下にたして上2ケタを確定します。1 + 7 = 8

```
    7 2
  × 1 2
  ○ 1 6
  ○ 7  4
  ○ 8 6 4
```

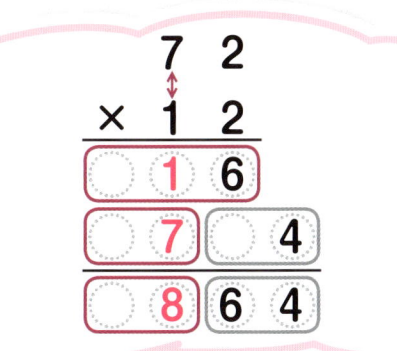

5 864 × 10 = 8640 より、答えは、8640 です。

$$864 × 10 = 8640$$

次に、100 をつくりだすパターンを **75 × 28 × 39** を例に説明します。

1 75 × 28 × 39 を変形して、× 100 をつくりだします。

$$75 × 28 × 39 = (3 × 25) × (7 × 4) × 39$$
$$= (3 × 7) × 39 × (25 × 4)$$
$$= 21 × 39 × 100$$

2 『2ケタ×2ケタの暗算術』を使って 21 × 39 を暗算します。

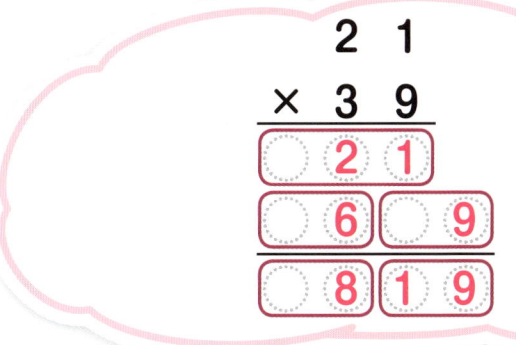

```
    2 1
  × 3 9
  ○ 2 1
  ○ 6  9
  ○ 8 1 9
```

3 819 × 100 = 81900 より、答えは、81900 です。

第4章 2ケタ暗算

125

819 × 100 = 81900

最後に、そのほかの一般的なパターンの問題として、**12 × 13 × 17** を説明します。

1 12 × 13 × 17 を変形して、2ケタ × 2ケタをつくりだします。

$$12 × 13 × 17 = (4 × 3) × 13 × 17$$
$$= (4 × 13) × (3 × 17)$$
$$= 52 × 51$$

2 『2ケタ×2ケタの暗算術』を使って 52 × 51 を暗算します。ななめにかけたものどうしをたし算して上のスペースにならべ、5 × 1 + 5 × 2 = 15
一の位どうしをかけて、右下のスペースに右ヅメにしてならべ、2 × 1 = 2
2つのスペースの数字を右から2ケタ分、上下にたして下2ケタを確定します。

```
    5 2
  × 5 1
  ○ 1 5
  ○ ○ ○ 2
      5 2
```

3 十の位どうしをかけて（5 × 5 = 25）、左下のスペースに入れて、上下にたして上2ケタを確定します。25 + 1 = 26

```
    5 2
  × 5 1
  ○ 1 5
  2 5 ○ 2
  2 6 5 2
```

4 答えは、2652 です。

暗算のトレーニング

① 12 × 15 × 18

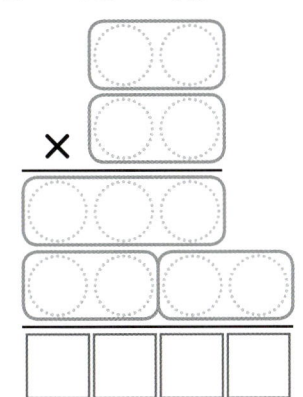

② 15 × 16 × 27

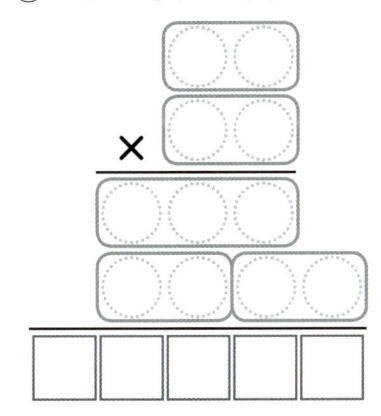

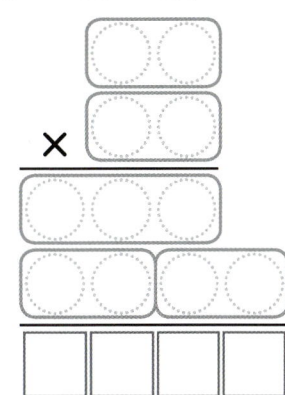

③ 24 × 30 × 85

④ 32 × 45 × 65

⑤ 12 × 14 × 16

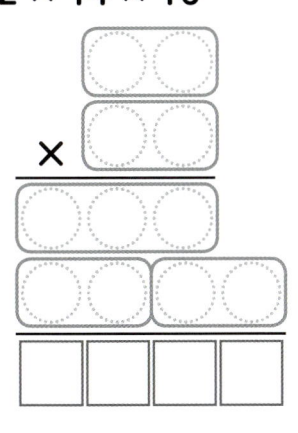

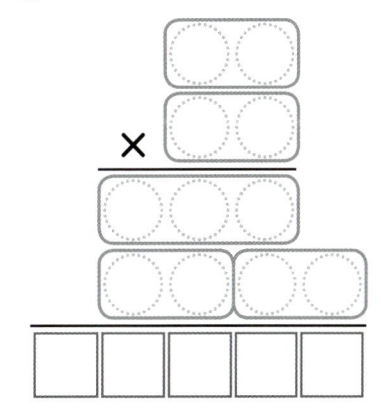

⑥ 13 × 18 × 21

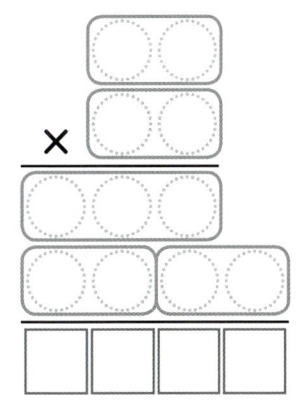

⑦ 12 × 17 × 19

⑧ 32 × 41 × 75

⑨ 14 × 35 × 51

⑩ 16 × 65 × 70

---

127 ページの答え
❶ 3240　❷ 6480　❸ 61200　❹ 93600　❺ 2688　❻ 4914　❼ 3876　❽ 98400　❾ 24990　❿ 72800

第4章 2ケタ暗算

著者略歴

水野　純（みずの じゅん）

1965年生まれ。1984年、横浜国立大学経済学部国際経済学科入学。水野塾を主宰し、算数・数学が苦手な子どもたちの潜在能力開発に努めている。著書に、『インド式かんたん計算法』『「数字に強くなる」一番ラクな方法』（以上、三笠書房）がある。

装丁●一瀬錠二（Art of NOISE）
装画●カワチ・レン
編集協力●株式会社ライティングアローズ（木澤雄）
組版●株式会社千里（小原俊幸）

パッと答えが浮かぶ
「暗算のコツ」が6時間で身につく本

2012年11月19日	第1版第1刷発行
2014年7月24日	第1版第3刷発行

著　者　　水野　純
発行者　　小林成彦
発行所　　株式会社PHP研究所
　東京本部　〒102-8331　千代田区一番町21
　　　　　　生活教養出版部　☎03-3239-6227（編集）
　　　　　　普及一部　　　　☎03-3239-6233（販売）
　京都本部　〒601-8411　京都市南区西九条北ノ内町11
　　　　　　家庭教育普及部　☎075-681-8818（販売）
　PHP INTERFACE　http://www.php.co.jp/

印刷所　　図書印刷株式会社
製本所　　東京美術紙工協業組合

© Jun Mizuno 2012 Printed in Japan
落丁・乱丁本の場合は弊社制作管理部（☎03-3239-6226）へご連絡下さい。
送料弊社負担にてお取り替えいたします。
ISBN978-4-569-80843-7